Petite excursion dans le cosmos

Neil deGrasse Tyson

Petite excursion dans le cosmos

Traduit de l'anglais (États-Unis)
par René Cuillierier

Belin

1re édition originale publiée par W. W. Norton & Company, Inc., USA. sous le titre
Astrophysics for People in a Hurry

Photographies de la couverture : Voie lactée : © Sipa/Caters Agency/Boris Dmitriev ; Portrait de Neil deGrasse Tyson : GettyImages/Fox

170 bis, boulevard du Montparnasse, 75680 Paris cedex 14

ISBN 978-2-410-00851-7

Préface

Ces dernières années, pas une semaine ne s'écoule sans qu'une découverte en astronomie ne fasse la une des journaux. Il est possible que les gardiens du temple médiatique aient eux-mêmes développé un certain intérêt pour les choses de l'univers. Mais il est plus probable que cette exposition accrue reflète en réalité un authentique appétit du public pour la science. Les preuves de cet appétit abondent, du succès des émissions de télévision à caractère scientifique aux films de science-fiction servis par des acteurs célèbres et portés à l'écran par des producteurs et des réalisateurs de renom. Il semble même que, depuis peu, les biopics sur la vie d'importants scientifiques soient en passe de constituer un genre cinématographique en soi. Et bien sûr, dans le monde entier, l'intérêt pour les festivals de science, les conventions de science-fiction et les documentaires scientifiques télévisés ne se dément jamais.

Le plus gros succès de tous les temps au box-office a été tourné par un réalisateur célèbre qui a choisi comme cadre de son histoire une planète en orbite autour d'une étoile lointaine. Et une non moins célèbre actrice y joue le rôle d'une exobiologiste. Si toutes les branches de la science ont ainsi gagné en audience à notre époque, c'est assez systématiquement l'astrophysique qui se maintient au top. Et je crois que je sais pourquoi. À un moment ou à un autre, chacun d'entre nous a un jour levé les yeux vers le ciel nocturne et s'est demandé : Qu'est-ce que tout cela veut dire ? Comment ça marche ? Et quelle est ma place dans l'univers ?

Si vous êtes trop occupé pour prendre le temps de goûter au cosmos via les cours magistraux, les manuels ou les documentaires, si vous cherchez néanmoins une présentation brève mais valable de ce domaine, je vous propose ce livre : *Petite excursion dans le cosmos.* Avec ce court ouvrage, vous vous familiariserez avec toutes les idées et les découvertes fondamentales qui sont aujourd'hui à la base de notre compréhension de l'univers. Si j'ai réussi, vous aurez une authentique culture générale dans mon domaine. Et il se pourrait même que vous en vouliez davantage.

L'univers n'est pas du tout obligé
de vous être compréhensible.

NDT

CHAPITRE I

La plus grande histoire jamais racontée

> « Le monde a persisté d'innombrables années,
> depuis qu'un jour il s'est ordonné selon
> les mouvements adéquats dont tout découle. »
>
> Lucrèce, vers 50 av. J.-C.

Au commencement, il y a presque quatorze milliards d'années, tout l'espace et toute la matière et toute l'énergie de l'univers connu étaient contenus à l'intérieur d'un volume mille milliards de fois plus petit que le point qui termine cette phrase.

Les conditions de température y étaient si brûlantes que les quatre forces de la nature, celles qui, prises ensemble, décrivent notre univers actuel, étaient fondues en une seule. Certes, on ne sait toujours pas comment ce minuscule point cosmique en est venu à exister, mais une chose est sûre : il ne pouvait que grandir. Et vite avec ça ! C'est ce que nous appelons aujourd'hui le Big Bang.

Notre compréhension moderne de la gravitation repose sur la théorie de la relativité générale proposée par Albert Einstein en

1916. Elle implique que la matière et l'énergie courbent la toile de fond de l'espace et du temps autour d'elles. Dans les années 1920, la découverte de la mécanique quantique allait enrichir notre connaissance de tout ce qui est petit : les molécules, les atomes et les particules. Mais ces deux façons de comprendre la nature étaient formellement incompatibles. Les physiciens se sont donc lancés dans une course à l'unification des théories de l'infiniment petit et de l'infiniment grand afin d'obtenir une théorie cohérente de la gravitation quantique. Même si personne n'a encore franchi la ligne d'arrivée, nous savons exactement où se trouvent les principaux obstacles. L'un d'entre eux réside dans ce qu'on appelle « l'ère de Planck », au tout début de l'univers. C'est l'intervalle de temps qui s'écoule entre le commencement, l'instant $t = 0$, et l'instant $t = 10^{-43}$ seconde (un dixième de millionième de milliardième de milliardième de milliardième de milliardième de seconde), à une époque où le diamètre de l'univers n'a pas encore atteint 10^{-35} mètres (un centième de millionième de milliardième de milliardième de milliardième de milliardième de mètre). Ces quantités inimaginablement petites ont été nommées en l'honneur du physicien allemand Max Planck, qui introduisit en 1900 l'idée selon laquelle l'énergie est quantifiée et que l'on considère généralement comme le père de la mécanique quantique.

Dans la pratique, le conflit entre la théorie de la gravitation et la mécanique quantique n'est pas très gênant. Du moins, tant qu'on étudie l'univers actuel. L'astrophysique utilise les boîtes à outils que sont la relativité générale d'une part et la mécanique quantique de l'autre pour résoudre des problèmes de types très différents. Mais au commencement, durant l'ère de Planck, l'infiniment grand était minuscule. On soupçonne qu'il a dû alors se produire un bref mariage entre les deux théories. Hélas, les vœux échangés durant cette cérémonie nous échappent complètement, de sorte qu'aucune loi de la physique (du moins aucune loi connue) ne décrit de façon fiable le comportement de l'univers à cette époque.

Nous nous attendons tout de même à ce qu'à la fin de l'ère de Planck, la gravitation ait réussi à se démêler des autres forces encore unifiées pour acquérir l'identité indépendante que nous lui connaissons et qui est si joliment décrite par nos théories modernes. Tandis que l'univers atteignait l'âge de 10^{-35} seconde, il continuait à s'étendre, diluant toutes les concentrations d'énergie. Les forces unifiées restantes se séparèrent en une force « électrofaible » et une « force nucléaire forte ». Un peu plus tard, la force électrofaible elle-même se scinda en force électromagnétique et « force nucléaire faible », donnant naissance aux quatre forces de la nature si familières et chères à nos cœurs : la force faible qui contrôle les désintégrations radioactives, la force forte qui lie les constituants des noyaux atomiques, la force électromagnétique qui lie les molécules et la gravitation qui lie l'ensemble de la matière.

*

Un millième de milliardième de seconde s'est écoulé depuis le commencement.

*

Pendant tout ce temps, la matière, sous la forme de particules élémentaires, et l'énergie, sous la forme de photons (des grains d'énergie lumineuse dépourvus de masse qui sont tout autant des particules que des ondes) interagissaient en permanence. L'univers était alors assez chaud pour que ces photons convertissent spontanément leur énergie en paires de particules de matière et d'antimatière qui, immédiatement après, s'annihilaient mutuellement pour restituer leur énergie sous la forme de photons. Oui, l'antimatière existe pour de bon : c'est nous les scientifiques qui l'avons découverte, pas les auteurs de science-fiction. Ces transsubstantiations découlent entièrement de la plus célèbre des équations d'Albert Einstein : $E = mc^2$, qui n'est autre qu'une recette à double sens déterminant combien d'énergie vaut une masse donnée et combien « pèse » l'énergie. Le facteur c^2 n'est autre que la vitesse de la lumière au carré – un nombre gigantesque qui, multiplié par la masse, nous rappelle l'énorme quantité d'énergie que vous récupérez dans ce procédé.

Avant, pendant et juste après la séparation des forces forte et électrofaible, l'univers était une soupe bouillonnante de quarks, de leptons et de leurs antiparticules, ainsi que de bosons, les particules qui transmettent leurs interactions. Autant qu'on le sache, aucune des particules membres de ces familles n'est divisible en éléments plus petits ou plus fondamentaux. Toutes existent en plusieurs variétés. Le photon ordinaire fait partie de la famille des bosons. Les leptons les plus connus des profanes sont les électrons, voire peut-être les neutrinos. Et les quarks les plus familiers sont… Eh bien, en fait il n'y a pas de quarks familiers. Chacune des six sous-espèces de quarks a reçu un nom qui ne sert aucun objectif philologique, philosophique, ni même pédagogique, et dont le seul intérêt est de les distinguer les uns des autres : les quarks « up » et « down » (haut et bas), « étrange » et « charmé », « top » et « bottom » (encore haut et bas en anglais).

Au fait ! Les bosons doivent leur nom au savant indien Satyendranath Bose. Le mot lepton vient du grec « *leptos* » qui signifie « léger » ou « petit ». Quant au mot « quark », il a une origine plus littéraire et bien plus originale. Le physicien Murray Gell-Mann qui postula en 1964 l'existence des quarks comme composants internes des protons et des neutrons (et qui croyait à l'époque que la famille des quarks n'avait que trois membres) s'inspira d'une réplique typique de l'œuvre obscure de James Joyce, *Finnegans Wake* : « Trois quarks pour môssieur Mark ! » Une chose qu'on ne peut pas enlever aux quarks, c'est que leurs noms sont simples – un truc que les chimistes les biologistes et pire encore, les géologues semblent avoir le plus grand mal à réussir quand ils donnent des noms à leurs propres affaires.

Les quarks sont des bestioles assez bizarres. Contrairement aux protons qui portent une charge électrique +1 et aux électrons dont la charge électrique vaut -1, les quarks portent des tiers de charge. Et vous ne surprendrez jamais un quark solitaire, il sera toujours agglutiné à d'autres quarks voisins. En fait, la force qui maintient ensemble deux (ou plusieurs) quarks s'intensifie quand vous essayez de les séparer, exactement comme s'ils étaient attachés ensemble par un élastique microscopique. Séparez suffisamment les quarks et l'élastique claque. L'énergie qu'il libère invoque alors la formule $E = mc^2$ pour créer de nouveaux quarks à chaque bout, de sorte que vous avez fait tout ça pour rien.

À l'époque de la soupe de quarks et de leptons, l'univers était suffisamment dense pour que la distance moyenne entre deux quarks indépendants soit du même ordre de grandeur que la distance entre deux quarks liés. Dans ces conditions, un quark ne voyait jamais très clairement avec lequel de ses voisins il devait s'agglutiner, de sorte que tous se roulaient librement les uns sur les autres au lieu d'être regroupés par paquets. L'observation de cet état particulier de la matière, une sorte de gruau indifférencié de quarks, a été annoncée la première fois en 2002 par une équipe de physiciens des laboratoires américains de Brookhaven.

Des indices théoriques convaincants suggèrent que lorsque l'univers était très jeune, peut-être au moment d'une des séparations successives entre les forces de la nature, quelque chose lui a donné une étonnante asymétrie. Les particules de matière sont devenues très légèrement plus nombreuses que les particules d'antimatière : environ un milliard et une particules pour un milliard d'antiparticules. Cette infime différence de population devait passer presque inaperçue au milieu de la continuelle création, annihilation et recréation de quarks et d'antiquarks, d'électrons et d'antiélectrons (plus connus sous le nom de positrons) et de neutrinos et d'antineutrinos. Un éventuel célibataire en goguette avait à cette époque une foule d'occasions de rencontrer quelqu'un avec qui s'annihiler et il en allait de même pour tout le monde.

Mais pas pour longtemps. Tandis que le cosmos continuait à grandir, atteignant une taille supérieure à celle de notre Système solaire actuel, la température chuta rapidement sous le millier de milliards de kelvins[1].

*

Un millionième de seconde s'est écoulé depuis le commencement.

*

L'univers était désormais trop tiède et trop peu dense pour entretenir la soupe de quarks. Chacun agrippa un ou deux partenaires de la danse pour créer une nouvelle famille de particules durables qu'on appelle les hadrons (du grec «*hadros*» qui signifie «épais»). La transition quarks-hadrons donna naissance aux protons et aux neutrons ainsi qu'à un tas d'autres particules lourdes moins connues, toutes composées d'une combinaison de quarks de différentes espèces. En Suisse (nous sommes de retour sur Terre), le consortium européen de physique des particules[2] produit des faisceaux de hadrons pour tenter de recréer brièvement les conditions qui régnaient à cette époque. Cette machine, qui est la plus grande du monde s'appelle, assez logiquement, le Grand collisionneur de hadrons («*Large Hadron Collider*» ou LHC).

---

1. Le kelvin (K) est une mesure absolue de la température. 0 K correspond au zéro absolu, soit -273,15 °C.
2. Le Centre européen pour la recherche nucléaire ou CERN.

La légère asymétrie entre matière et antimatière dont était affligée la soupe de quarks et de leptons fut transmise aux hadrons, mais avec des conséquences extraordinaires.

L'univers continuant à se refroidir, la quantité d'énergie disponible pour créer spontanément des particules élémentaires s'effondra. Pendant l'ère des hadrons, les photons ambiants ne pouvaient plus invoquer $E = mc^2$ pour produire des paires quarks-antiquarks. Non seulement ça, mais les photons produits par les dernières annihilations voyaient leur énergie diluée par l'expansion incessante de l'univers et tombaient sous le seuil nécessaire à la création de paires hadrons-antihadrons. Pour chaque milliard d'annihilations – qui libérait un milliard de photons – un seul hadron ne trouvait pas chaussure à son pied et survivait. Ces laissés-pour-compte sont en définitive ceux qui devaient le plus s'amuser par la suite. Ils ont servi de matériau de base à la formation de toutes les galaxies, des étoiles, des planètes et des pétunias.

Sans ce déséquilibre d'un milliard et un contre un milliard entre matière et antimatière, toute la masse de l'univers se serait auto-annihilée ne laissant derrière elle qu'un cosmos composé de photons – et de *rien d'autre*. Un scénario du genre « que la lumière soit » poussé à l'extrême !

*

Une seconde de temps s'est désormais écoulée.

*

L'univers a atteint un diamètre de quelques années-lumière[1], c'est-à-dire en gros la distance qui sépare aujourd'hui notre étoile, le Soleil, de ses voisines stellaires les plus proches. Avec

1. Une année-lumière est la distance parcourue par la lumière en une année soit environ dix mille milliards de kilomètres.

un milliard de degrés, il est encore passablement chaud – suffisamment en tout cas pour continuer à concocter des électrons qui, avec leurs partenaires les positrons continuent (plop-plop !) à apparaître et à disparaître. Mais dans ce cosmos qui gonfle et se refroidit sans cesse, leurs jours (ou plutôt leurs secondes) sont comptés. Ce qui était arrivé aux quarks et aux hadrons finit par arriver aux électrons : à la fin, il n'en resta qu'un sur un milliard. Les autres s'annihilèrent avec leurs partenaires d'antimatière en une mer de photons.

À cet instant, le stock de particules du cosmos a été « figé » à un électron pour chaque proton. Tandis que l'univers continue de refroidir – tombant en dessous de la centaine de millions de degrés – les protons fusionnent avec d'autres protons ainsi qu'avec des neutrons pour former des noyaux atomiques. Un univers est né où quatre-vingt-dix pourcents des noyaux sont de l'hydrogène et dix pourcents de l'hélium accompagné d'une pincée de deutérium, de tritium et de lithium.

*

Deux minutes viennent de s'écouler depuis le commencement.

*

Pendant les 380 000 années suivantes, il ne va plus arriver grand-chose à notre soupe de particules. Tout au long de ces millénaires, la température reste assez élevée pour que les électrons carambolent au milieu des photons qu'ils diffusent dans toutes les directions en interagissant les uns avec les autres.

Cette liberté connaît une fin abrupte lorsque la température de l'univers descend sous les 3 000 kelvins (environ la moitié de la température à la surface du Soleil) et que tous les électrons se combinent avec les noyaux libres. Ce mariage libère dans tout l'espace un bain de lumière visible qui imprime sur le fond du ciel un enregistrement des concentrations de matière telles qu'elles existaient à ce moment précis. Et il parachève la formation des particules et des atomes dans l'univers primordial.

*

Pendant les premiers milliards d'années, l'univers continua à s'étendre tandis que la matière s'effondrait sous l'effet de la gravitation en d'immenses concentrations que nous appelons galaxies. Il s'en forma près d'une centaine de milliards, chacune contenant des centaines de milliards d'étoiles dans le cœur desquelles s'allumèrent des réactions thermonucléaires. Parmi ces étoiles, celles qui dépassaient environ dix masses solaires atteignaient des pressions et des températures suffisantes pour forger des douzaines d'éléments plus lourds que l'hydrogène, y compris ceux qui composent les planètes et les éventuels êtres vivants qui s'y épanouissent.

Ces éléments auraient été drôlement inutiles s'ils étaient restés là où ils se sont formés. Mais il se trouve que les étoiles massives explosent, dispersant leurs entrailles chimiquement enrichies à travers la galaxie. Après neuf milliards d'années de cet apport, dans une région quelconque (le bras d'Orion) d'une galaxie insignifiante (la Voie lactée) perdue dans un secteur tout à fait ordinaire de l'univers (la périphérie du superamas de la Vierge), naquit une étoile banale (le Soleil).

Le nuage de gaz qui donna naissance au Soleil contenait suffisamment d'éléments lourds pour que s'agglutinent une kyrielle d'objets en orbite, parmi lesquels plusieurs planètes rocheuses et gazeuses, des centaines de milliers d'astéroïdes et des milliards de comètes. Pendant quelques centaines de millions d'années, de grandes quantités de débris abandonnés sur des orbites irrégulières s'accrétèrent aux corps les plus gros. Ils provoquèrent des impacts à grande vitesse qui libérèrent d'énormes quantités d'énergie et firent fondre les surfaces des planètes rocheuses, empêchant la formation des molécules complexes.

Tandis qu'il restait de moins en moins de matière à accréter dans le Système solaire, les surfaces planétaires commencèrent à refroidir. Celle que nous appelons la Terre s'était formée dans une zone « juste comme il faut » autour du Soleil où les océans peuvent pour l'essentiel rester à l'état liquide. Si la Terre s'était formée plus près du Soleil, ses océans se seraient évaporés. Plus loin, ils auraient gelé. Dans tous les cas, la vie telle que nous la connaissons ne serait pas apparue.

Au sein des océans liquides chimiquement enrichis, des molécules organiques effectuèrent une transition – par un mécanisme qu'on n'a pas encore élucidé – vers une forme de vie capable de s'autorépliquer. Cette soupe primordiale était dominée par de simples bactéries anaérobies – une forme de vie qui s'épanouit dans des environnements dépourvus d'oxygène mais dont un des sous-produits est d'excréter de l'oxygène, un agent chimique très puissant. Ces premiers organismes unicellulaires transformèrent sans le vouloir l'atmosphère riche en gaz carbonique de la Terre en une atmosphère contenant suffisamment d'oxygène pour qu'émergent des organismes aérobies. Ils allaient dominer les océans puis la terre ferme. Ces mêmes atomes d'oxygène qui se baladent normalement par paires (O_2) se combinèrent parfois par trois pour former de l'ozone (O_3) dans la haute atmosphère. Cette couche sert de bouclier et protège la surface de la Terre de la plupart des photons ultraviolets si hostiles à l'intégrité des molécules.

Nous devons la remarquable diversité de la vie sur Terre et – du moins on le pense – ailleurs dans l'univers, à l'abondance du carbone dans le cosmos et au nombre incalculable de molécules simples et complexes qui en contiennent. Ça ne fait aucun doute : il y a plus de variétés de molécules basées sur le carbone que toutes les autres molécules prises ensemble.

La vie, cependant, est fragile. La rencontre de la Terre avec de grands astéroïdes ou comètes errants – un événement autrefois courant – provoque de temps en temps le chaos dans notre écosystème. Il y a à peine soixante-six millions d'années (il y a moins de deux pourcents de l'histoire de la Terre), un astéroïde de dix mille milliards de tonnes frappa ce qui est aujourd'hui la péninsule du Yucatan et oblitéra plus de soixante-dix pourcents de la faune et de la flore terrestres – y compris les célèbres et colossaux dinosaures. Extinction ! Cette catastrophe écologique permit à nos ancêtres mammifères de remplir des niches fraîchement libérées au lieu de continuer à servir de hors-d'œuvre aux *T. rex*. L'évolution d'une branche de mammifères à gros cerveaux, celle que nous appelons les primates, donna naissance à un genre (*Homo*) au sein duquel une espèce (*Homo sapiens*) se montra suffisamment intelligente pour inventer les méthodes et les outils de la science grâce auxquels elle découvrit l'origine et l'évolution de l'univers.

Mais que s'est-il passé avant tout ça ? Que s'est-il passé avant le commencement ?

Les astrophysiciens n'en ont pas la moindre idée. Ou plutôt, leurs idées les plus créatives se fondent peu ou pas du tout sur les sciences expérimentales. Au vu de quoi, certaines personnes religieuses affirment avec un petit air satisfait que *quelque chose* doit avoir fait démarrer tout cela : une force plus grande que toutes les autres, une source d'où tout est issu. Une force motrice. Dans l'esprit de telles personnes, ce quelque chose est, bien entendu, Dieu.

Mais… Et si l'univers avait toujours été là, dans un état ou dans des conditions que nous n'avons pas encore élucidées ? Un multivers, par exemple, d'où bourgeonneraient sans cesse des univers ? Ou bien peut-être le cosmos est-il surgi du néant ? Ou bien encore… Et si tout ce que nous connaissons et aimons n'était qu'une simulation informatique que des super-intelligences extraterrestres font tourner pour s'amuser ?

Ces idées amusantes philosophiquement ne satisfont d'habitude personne. Néanmoins, elles nous rappellent que l'ignorance est l'état naturel de l'esprit pour un chercheur scientifique. Montrez-moi quelqu'un qui croit n'être en rien ignorant, et je vous montrerai quelqu'un qui n'a jamais cherché, ni affronté la frontière entre ce qui est connu et ce qui est encore inconnu dans l'univers.

Ce que nous savons de façon certaine et que nous pouvons affirmer sans hésitation, c'est que l'univers a eu un commencement. Qu'il continue d'évoluer. Et que, oui, chacun des atomes de nos corps remonte au Big-Bang et aux creusets thermonucléaires au cœur des étoiles massives qui explosèrent il y a plus de cinq milliards d'années.

Nous sommes de la poussière d'étoile animée, dotée par l'univers du pouvoir de se comprendre lui-même. Et nous venons juste de commencer.

CHAPITRE II

Sur la Terre comme aux cieux

Avant qu'Isaac Newton ne mette par écrit la loi de la gravitation universelle, les gens n'avaient aucune raison de penser que les lois de la physique ici-bas étaient les mêmes partout ailleurs dans l'univers. Sur Terre, il se passait des trucs terrestres et dans les cieux, des trucs célestes. Selon la doctrine chrétienne de l'époque, Dieu contrôlait les cieux, ce qui les rendait inconnaissables à nos faibles esprits mortels. Lorsque Newton brisa cette barrière philosophique, tous les mouvements devinrent compréhensibles et prédictibles, et certains théologiens le critiquèrent pour avoir laissé Dieu sans travail. Newton avait compris que la force de gravité qui fait tomber les pommes mûres dans les vergers guide aussi les projectiles le long de leurs trajectoires incurvées et dirige la Lune dans son orbite autour de la Terre. La loi de la gravitation de Newton conduit aussi les planètes, les astéroïdes et les comètes autour du Soleil et maintient des centaines de milliards d'étoiles en orbite au sein de notre Voie lactée.

Cette universalité des lois de la physique stimule plus que tout les découvertes scientifiques. Et la gravitation n'était qu'un début !

Imaginez l'excitation parmi les astronomes du dix-neuvième siècle lorsqu'ils tournèrent pour la première fois vers le Soleil des prismes de laboratoire qui décomposent les rayons lumineux en un spectre coloré. Les spectres ne sont pas juste beaux. Ils contiennent un tas d'informations sur l'objet qui émet de la lumière, comme sa température et sa composition. Les éléments chimiques sont révélés par la série unique de raies sombres ou lumineuses qu'ils impriment sur le spectre. Au grand émerveillement des gens de l'époque, il s'avéra que les signatures que l'on trouvait dans le spectre du Soleil étaient les mêmes que celles qu'on obtenait en laboratoire. Le prisme n'était plus l'instrument exclusif des chimistes, mais démontrait que malgré leurs différences de taille, de masse, de température ou de localisation dans l'univers, la Terre et le Soleil sont faits des mêmes substances : de l'hydrogène, du carbone, de l'oxygène, de l'azote, du calcium, du fer et ainsi de suite. Au-delà de cette longue « liste de course » des ingrédients communs, il était surtout désormais évident que les lois de la physique qui sont à l'origine de ces raies caractéristiques dans le spectre du Soleil étaient les mêmes que celles qui opéraient sur Terre, à plus de cent cinquante millions de kilomètres.

Ce concept d'universalité était si fertile qu'on put l'appliquer dans l'autre sens avec succès. Les analyses ultérieures du spectre du Soleil révélèrent une série de raies correspondant à un élément dont on ne trouvait pas d'équivalent sur Terre. Puisqu'elle venait du Soleil, cette nouvelle substance fut nommée à partir du nom grec *helios* (« le Soleil ») et ne fut identifiée en laboratoire que plus tard. C'est ainsi que l'hélium fut le premier et le seul élément du tableau périodique des chimistes à être découvert ailleurs que sur Terre.

OK, les lois de la physique sont les mêmes partout dans le Système solaire, mais… marchent-elles de la même façon à l'autre bout de la galaxie ? À l'autre bout de l'univers (ou du temps) lui-même ? On les testa pas à pas. Les étoiles les plus proches contenaient elles aussi les mêmes éléments chimiques. Les étoiles binaires lointaines, liées dans leur orbite mutuelle, semblaient bel et bien tout savoir des lois de Newton. Même chose pour des galaxies binaires.

Mieux, de même que les couches de sédiments successives permettent aux géologues de déterminer un calendrier des événements terrestres, plus nous regardons loin dans l'espace, plus nous regardons loin dans le passé. Les spectres des objets les plus distants dans l'univers montrent les mêmes signatures chimiques que ceux que l'on trouve dans l'espace proche et contemporain. Certes, les éléments lourds étaient moins abondants à l'époque – puisqu'ils ont été forgés dans les générations suivantes d'étoiles explosives – mais les lois qui décrivent les processus atomiques et moléculaires à l'origine de ces signatures spectrales n'ont pas changé. En particulier, une quantité appelée « constante de structure fine », qui détermine la formation des signatures caractéristiques de chaque élément, n'a pas pu varier d'un iota pendant des milliards d'années.

Bien sûr, tous les phénomènes du cosmos n'ont pas forcément leur équivalent sur Terre. Vous ne vous êtes probablement jamais promenés au milieu d'un nuage de plasma luminescent à plusieurs millions de degrés et il y a peu de chances que vous ayez jamais salué un trou noir dans la rue. Ce qui compte, c'est l'universalité des lois de la physique qui les décrivent. Lorsque l'analyse spectrale fut appliquée pour la première fois à la lumière émise par les nébuleuses interstellaires, on découvrit à nouveau une signature qui ne semblait correspondre à aucun élément connu sur Terre. À l'époque, le tableau périodique était déjà complet et on ne voyait pas bien où caser un nouvel élément. Les astrophysiciens décidèrent de parler de « nébulium » en attendant de comprendre de quoi il retournait. Eh bien, il s'est avéré que dans l'espace les nébuleuses gazeuses sont si raréfiées que les atomes s'y déplacent sur de longues distances sans subir de collision. De ce fait, les électrons peuvent faire dans les atomes des choses qu'on n'avait jamais observées dans les laboratoires sur Terre. Le nébulium n'était autre que la signature de l'oxygène ordinaire en train de faire des choses extraordinaires.

Cette universalité de la physique nous permet de dire que si nous débarquions sur une autre planète dotée d'une civilisation extraterrestre florissante, elle utiliserait les mêmes lois que celles que nous avons nous-mêmes découvertes et testées – même si les extraterrestres entretiennent par ailleurs des croyances sociales et politiques différentes des nôtres. De plus, si vous voulez communiquer avec eux, vous pouvez parier qu'ils ne comprennent pas l'anglais, le français ni même le mandarin. Vous ne savez même pas si le fait de leur serrer la main – si bien sûr l'appendice qu'ils vous tendent est bien une main – sera considéré comme un acte de guerre ou un geste de paix. Votre meilleure chance est de trouver un moyen de communiquer en utilisant le langage de la science.

Une tentative en ce sens fut réalisée dans les années 1970 avec les sondes *Pioneer 10* et *11* et *Voyager 1* et *2*. Grâce à l'effet de fronde gravitationnelle dû à leur passage près des planètes géantes, ces quatre engins eurent assez d'énergie pour pouvoir s'échapper définitivement du Système solaire.

Pioneer transportait une plaque en or gravée qui montrait, à l'aide de pictogrammes scientifiques, une esquisse de notre Système solaire, notre position dans la Voie lactée et la structure de l'atome d'hydrogène. *Voyager* était plus complet et contenait aussi un enregistrement de différents sons de la Terre, y compris les battements d'un cœur humain, des « chants » de baleines et des musiques choisies aux quatre coins du monde parmi lesquelles les œuvres de Beethoven et de Chuck Berry. Cela rendait certes le message plus humain, mais il n'est pas évident que des extraterrestres qui jetteraient une oreille dessus – en supposant qu'ils aient des oreilles ! – pourraient y comprendre quoi que ce soit.

Ma parodie favorite de cette tentative est un sketch du *Saturday Night Live* sur NBC diffusé juste après le lancement de *Voyager*. On montrait la réponse écrite par les extraterrestres qui avaient récupéré la sonde. Une simple note qui demandait : « Envoyez-nous plus de Chuck Berry ».

La science ne se nourrit pas seulement de l'universalité des lois de la physique, mais aussi de l'existence et de la pérennité des constantes fondamentales. La constante de gravitation, connue de la plupart des scientifiques sous le nom de « grand G », introduit dans les équations de Newton une mesure de l'intensité des forces de gravité. Sa constance au cours du temps a été testée sur des éons. Si vous faites bien tous les calculs, vous pourrez vous convaincre que la luminosité d'une étoile dépend fortement de grand G. En d'autres termes, si grand G avait été légèrement différente par le passé, alors la production d'énergie du Soleil aurait été bien plus variable que tout ce que montrent les registres biologiques, climatologiques et géologiques du passé.

Telle est l'uniformité de notre univers.

*

La vitesse de la lumière est la plus célèbre de toutes les constantes. Peu importe la vitesse à laquelle vous foncez, vous ne doublerez jamais un rayon de lumière. Pourquoi ? On n'a jamais conduit une expérience dans laquelle un objet quel qu'il soit ait pu atteindre la vitesse de la lumière. Des lois de la physique éprouvées prédisent et expliquent ce fait. Je sais qu'une telle affirmation peut paraître étroite d'esprit. Par le passé, bien des affirmations scientifiques péremptoires ont sous-estimé l'ingéniosité des inventeurs et des ingénieurs : « On ne pourra jamais voler. » « Le vol ne sera jamais rentable commercialement. » « On ne pourra jamais casser l'atome. » « Passer le mur du son ? Impossible ! » « On n'ira jamais sur la Lune. » Toutes ces réalisations ont finalement vu le jour mais elles ont en commun qu'aucune loi physique établie ne leur barrait la route.

L'affirmation « on ne pourra jamais doubler un rayon de lumière » est d'une nature qualitativement différente. Elle découle de principes physiques fondamentaux éprouvés. Les panneaux routiers destinés aux voyageurs interstellaires du futur pourront à bon droit affirmer :

« La vitesse de lumière : ce n'est pas juste une bonne idée, c'est la loi ! »

Contrairement à ce qui se passe quand vous faites un excès de vitesse sur Terre, l'avantage des lois de la physique c'est qu'elles ne requièrent l'intervention d'aucune force de maintien de l'ordre pour les faire respecter (contrairement à ce qu'affirmait un t-shirt geek « Obéissez à la gravitation » que j'ai un jour possédé).

Toutes les observations suggèrent que les constantes fondamentales connues et les lois de la physique auxquelles elles se rapportent ne dépendent ni de l'époque ni du lieu. Elles sont véritablement constantes et universelles.

*

Bien des phénomènes naturels font intervenir plusieurs lois de la physique en même temps. Ceci complique l'analyse et, dans bien des cas, requiert beaucoup de puissance informatique pour calculer ce qui se passe et suivre l'évolution des paramètres importants. Quand la comète Shoemaker-Levy 9 plongea puis explosa dans l'atmosphère de Jupiter en juillet 1994, les modèles informatiques les plus précis combinaient les lois de la mécanique des fluides, de la thermodynamique, de la cinématique et de la gravitation. Le climat et la météo sont également des exemples typiques de ce genre de phénomène compliqués (et difficiles à prédire). Mais pour autant, ce sont les mêmes lois fondamentales qui les gouvernent. La Grande Tache rouge de

Jupiter, une tempête anticyclonique qui fait rage depuis au moins 350 ans, résulte des mêmes processus physiques qui engendrent les tempêtes sur Terre et ailleurs dans le Système solaire.

Il existe une autre classe de vérités universelles : les lois de conservation, selon lesquelles telle ou telle quantité reste inchangée *quoi qu'il arrive*. Les trois plus importantes lois de conservation sont celle de la masse et de l'énergie, celle de la quantité de mouvement et du moment cinétique et celle de la charge électrique. Ces lois se manifestent sur Terre et partout ailleurs où nous avons eu l'idée de chercher – de la physique des particules aux grandes structures de l'univers.

Bon, malgré toutes ces vantardises, tout ne va pas pour le mieux dans le meilleur des mondes. Il se trouve que nous ne pouvons ni voir, ni toucher, ni goûter la source de 85 % de la gravité que nous observons dans l'univers. Cette mystérieuse « matière noire » reste aujourd'hui inobservable à part par l'attraction qu'elle exerce sur la matière visible. Elle pourrait être composée de particules encore à découvrir ou à identifier. Une minorité d'astrophysiciens n'est cependant pas convaincue et suggère qu'il n'y a pas de matière noire – vous n'avez, disent-ils, qu'à modifier les lois de la gravitation de Newton.

Peut-être allons-nous apprendre un jour qu'en effet, la gravitation de Newton doit être amendée. Pas de problème. C'est déjà arrivé une fois. La relativité générale d'Einstein, en 1916, se développait sur la base des principes de la gravité de Newton de façon à pouvoir être appliquée à des objets de masse extrêmement élevée. Un nouveau royaume que Newton ne pouvait pas connaître et où ses lois de la gravitation s'effondrent. La leçon, c'est que notre confiance repose sur la gamme des conditions dans lesquelles une loi a été testée et vérifiée. Plus cette gamme est étendue, plus la loi deviendra puissante et efficace pour décrire le cosmos. Pour les problèmes gravitationnels du quotidien, les lois de Newton marchent très bien. Elles nous ont amenés sur la Lune et permis de rentrer sains et saufs sur Terre en 1969. Pour les trous noirs et les structures à grande échelle de l'univers, nous avons besoin de la relativité générale. Et si vous injectez des vitesses et des masses faibles dans les équations d'Einstein elles se réduisent littéralement (ou plus tôt mathématiquement) aux équations de Newton – autant de bonnes raisons de croire que nous comprenons effectivement tout ce que nous prétendons comprendre.

*

Pour le scientifique, l'universalité des lois de la physique fait du cosmos un endroit merveilleusement simple. En comparaison, la nature humaine – le domaine des psychologues – est autrement plus intimidante. Aux États-Unis, les conseils d'administrations des écoles votent les sujets que l'on doit ou non enseigner en classe. Dans certains cas, ces votes dépendent des caprices de l'opinion sociale ou religieuse. Partout dans le monde, des systèmes de croyances différents engendrent des conflits politiques qui ne sont pas toujours résolus pacifiquement. La beauté et la force des lois de la physique c'est qu'elles s'appliquent partout, que vous choisissiez d'y croire ou non.

Après les lois de la physique, tout le reste n'est qu'opinion.

Je ne suis pas en train de dire que les scientifiques ne se disputent jamais. On le fait. Souvent même. Mais dans ces cas-là, nous discutons diverses interprétations possibles de données insuffisantes, voire miteuses aux douloureuses limites de nos connaissances. Partout et à chaque fois qu'une loi de la physique peut être invoquée dans la discussion, vous pouvez être sûr que le débat est bref. Non, ton idée de machine à mouvement perpétuel ne marchera jamais : elle contredit les lois bien vérifiées de la thermodynamique. Non, tu ne pourras pas construire une machine à remonter le temps qui te permettrait de tuer ta mère avant ta naissance : ça viole les lois de la causalité. Et sans violer les lois du mouvement, tu ne pourras pas léviter et flotter au-dessus du sol simplement en t'asseyant dans la position du lotus[1].

Connaître les lois de la physique permet, dans certains cas, de tenir tête aux gens les plus butés. Un soir, il y a quelques années de ça, je buvais un chocolat chaud dans une boutique déserte de Pasadena. J'avais demandé de la crème chantilly, comme il se doit. Mais quand ma commande fut sur la table, je ne vis aucune trace de crème. Je dis au serveur que mon chocolat n'avait pas de chantilly, mais il m'affirma que je ne pouvais pas la voir parce qu'elle avait coulé au fond. Mais la crème chantilly a une faible densité, si bien qu'elle flotte sur tous les liquides que les humains boivent. J'offris donc au serveur deux explications possibles : soit quelqu'un avait oublié d'ajouter la crème chantilly sur mon chocolat, soit les lois universelles de la physique étaient différentes dans son restaurant. Pas convaincu, il releva le défi et apporta une autre cuillerée de chantilly pour manifester son désaccord. La crème fit quelque va-et-vient avant de gagner la surface pour y flotter tranquillement.

Il vous faut quoi de plus pour vous convaincre de l'universalité des lois de la physique ?

1. Vous pourriez en principe réussir cette cascade si vous arriviez à expulser et maintenir une flatulence puissante et soutenue.

CHAPITRE III

Que la lumière soit

Après le Big-bang, le cosmos était surtout occupé à s'étendre, ce qui diluait sans cesse la concentration d'énergie contenue dans l'espace. L'univers devenait à chaque instant un peu plus grand, un peu plus froid et un peu plus raréfié. Pendant ce temps, la matière et l'énergie cohabitaient au sein d'une soupe opaque où les électrons libres bousculaient sans cesse les photons dans tous les sens.

Pendant 380 000 ans, les choses en restèrent là. Les photons de cette époque primitive ne voyageaient pas bien longtemps avant de rencontrer un électron. Alors, si votre mission avait été de voir à travers l'univers, vous n'auriez tout simplement pas pu. Tout photon que vous détectiez venait de se faire bousculer juste sous votre nez quelques nano voire picosecondes auparavant[1]. Puisque c'était là la plus grande distance sur laquelle l'information pouvait être transmise à votre rétine, l'univers tout entier avait simplement l'aspect d'un brouillard opaque et brillant dans toutes les

1. Une nanoseconde est un milliardième de seconde. Une picoseconde, un millième de milliardième.

directions. Exactement comme la surface du Soleil et des autres étoiles aujourd'hui.

Plus la température diminue, plus les particules se déplacent lentement. Et ainsi, à l'instant où la température descendit sous les 3000 kelvins, les électrons ralentirent juste ce qu'il fallait pour être capturés par les protons de passage. Ainsi naquirent les tout premiers atomes complets, tandis que les photons jusque-là harcelés eurent le champ libre pour voyager sans obstacle à travers l'univers.

C'est là l'origine du « rayonnement cosmologique », un vestige de la jeunesse éblouissante et brûlante de l'univers. On peut lui attribuer une température en cherchant la partie du spectre où se trouvent les photons les plus nombreux. À cause du refroidissement continuel du cosmos, ces photons qui étaient initialement dans la partie visible du spectre glissèrent vers l'infrarouge tandis que leur énergie était diluée par l'expansion. Mais même si ces photons s'affaiblirent continuellement, ils ne cessèrent jamais d'être des photons.

Qu'y a-t-il après l'infrarouge dans le spectre? De nos jours, l'univers a grandi d'un facteur 1000 depuis l'époque où les photons ont été libérés. Du coup, la température du rayonnement cosmologique a été abaissée d'un facteur 1 000. Tous les photons de lumière visible de cette époque sont devenus 1 000 fois moins énergétiques. Ce sont maintenant des micro-ondes, raison pour laquelle on parle également de « fond cosmologique micro-onde » (en anglais *Cosmic Microwave Background* ou CMB). Et vous verrez qu'à la longue, dans 50 millions d'années, les astrophysiciens parleront plutôt d'un fond cosmologique radio.

Un corps qui brille parce qu'il est chauffé, un corps incandescent, émet de la lumière dans toutes les parties du spectre. Mais il y a toujours un pic à un endroit donné. Pour les vieilles ampoules à incandescence qui utilisent encore un filament métallique chauffé, ce pic se trouve dans l'infrarouge ce qui est la principale cause de leur inefficacité comme source d'éclairage. Car nous ne détectons l'infrarouge que sous la forme d'une sensation de chaleur sur la peau. Les LED constituent une révolution dans les technologies d'éclairage parce qu'elles produisent uniquement de la lumière visible et ne gaspillent pas un paquet de watts à émettre une lumière qui chauffe mais qu'on ne voit pas. C'est la raison pour laquelle vous pouvez lire des choses comme « 7 watts en LED équivalent à 60 watts en incandescence » sur les emballages.

Comme le CMB est le vestige d'un gaz autrefois brillamment lumineux, il présente exactement le « profil » auquel on s'attend pour un corps incandescent en train de refroidir : il atteint un maximum quelque part dans le spectre, mais rayonne aussi dans d'autres parties. Dans le cas qui nous occupe, à part son pic dans les micro-ondes, il émet aussi des ondes radio et une infime fraction de photons plus énergétiques.

Au milieu du vingtième siècle, le domaine de la cosmologie – à ne pas confondre avec la cosmétologie ! – ne disposait pas de beaucoup de données. Et là où les données sont rares, la compétition fait rage au sein d'une foule d'idées astucieuses ou chimériques. L'existence du CMB fut prédite par le physicien américain d'origine russe George Gamow et ses collègues au cours des années 1940. Leurs idées se fondaient sur les travaux publiés en 1927 par le prêtre et physicien belge George Lemaître, que l'on reconnaît généralement comme le « père » du Big-bang. Mais ce sont les physiciens américains Ralph Alpher et Robert Herman qui, en 1948, estimèrent la température que devait avoir le rayonnement fossile aujourd'hui. Ils basèrent leurs calculs sur trois piliers : 1) la relativité générale proposée par Einstein en 1916 ; 2) la découverte de l'expansion de l'univers par Edwin Hubble en 1929 ; 3) la physique atomique développée en laboratoire avant et pendant le projet Manhattan qui produisit les bombes nucléaires de la Seconde Guerre mondiale.

Gamow suggéra que l'univers avait dû être plus chaud dans le passé et qu'on pouvait comprendre la physique de cette époque primordiale, après quoi Herman et Alpher proposèrent une température de 5 kelvins[1]. Eh bien, ils avaient tout faux! La mesure précise de la température des micro-ondes du CMB donne 2,725 kelvins, que l'on arrondit parfois à 2,7 kelvins et que vous pouvez encore arrondir à 3 kelvins si vous êtes numériquement feignant ; personne ne vous en tiendra rigueur.

Accordons-nous un moment de pause. Herman et Alpher appliquèrent les tous premiers fruits de la physique atomique aux conditions qui, en toute hypothèse, devaient régner dans l'univers primordial. De là, ils extrapolèrent des milliards d'années d'histoire pour en déduire la température que devait avoir l'univers aujourd'hui. Que leur prédiction s'approche un tant soit peu de la bonne réponse doit être considéré comme un triomphe de la raison humaine. Ils auraient pu se tromper d'un facteur dix, voire cent ou encore prévoir quelque chose qui n'existe pas du tout. L'astrophysicien J. Richard Gott a commenté cet exploit ainsi : « Prédire que le rayonnement fossile existe et prédire sa température exacte à moins d'un facteur deux près, c'est comme s'ils avaient prédit qu'une soucoupe volante de 15 mètres de large allait se poser sur la pelouse de la Maison-Blanche, mais qu'à la place ce soit finalement une soucoupe de 8 mètres qui se pointe ».

*

La première observation directe du CMB fut réalisée accidentellement en 1964 par les physiciens américains Arno Penzias et Robert Wilson des laboratoires Bell, la branche recherche et développement d'AT&T. Dans les années 1960, presque tout le monde avait entendu parler des micro-ondes, mais presque personne ne

1. C'est-à-dire seulement 5 degrés au-dessus du zéro absolu (Note du traducteur).

possédait la technologie pour les détecter. Les laboratoires Bell, pionniers dans l'industrie des communications, développèrent dans ce but une antenne maousse en forme de corne.

Si votre objectif est d'envoyer et de recevoir des signaux, vous ne voulez pas qu'ils soient contaminés par trop de sources parasites. Penzias et Wilson cherchèrent donc à mesurer précisément le bruit de fond micro-onde reçu par leur antenne de façon à assurer plus tard une communication propre, dépourvue d'interférences dans ce domaine du spectre. Ils n'étaient pas cosmologistes. C'étaient des petits génies de la technologie qui affûtaient une antenne micro-onde. Et ils ignoraient tout des prédictions de Gamow, Herman et Alpher.

Donc, s'il y a bien une chose que Penzias et Wilson ne cherchaient pas, c'était le fond de rayonnement cosmologique. Ils tentaient simplement d'ouvrir une nouvelle fenêtre de communication pour le compte d'AT&T. Penzias et Wilson se mirent au travail en soustrayant au bruit de fond toutes les sources terrestres ou interstellaires connues. Mais une partie du signal ne voulait pas disparaître. Pas moyen de s'en débarrasser. Pour finir, ils regardèrent à l'intérieur de l'antenne et découvrirent que des pigeons y avaient fait leur nid. Ils pouvaient craindre qu'une substance diélectrique blanche (de la fiente de pigeon) soit responsable des parasites, vu qu'ils les détectaient quelle que soit la direction dans laquelle l'antenne pointait. Ils nettoyèrent la substance diélectrique bien comme il faut et les interférences diminuèrent un peu, mais il restait toujours un signal. L'article qu'ils publièrent en 1965 ne concernait que cet « excès de température d'antenne »[1].

Pendant ce temps, une équipe de physiciens de Princeton dirigée par Robert Dicke essayait de construire un détecteur spécialement conçu pour trouver le CMB. Mais ils ne disposaient pas des ressources d'AT&T, de sorte qu'ils avançaient un peu plus

1. A. A. Penzias and R. W. Wilson, "A Measurement of Excess Antenna Temperature at 4080 Mc/s", *Astrophysical Journal* 142 (1965) : 419–21.

lentement. Lorsque Dicke et ses collègues de Princeton entendirent parler des travaux de Penzias et Wilson, ils comprirent immédiatement ce qu'était cet « excès de température d'antenne ». Tout collait : la valeur de la température surtout, mais aussi le fait que le signal parvenait avec la même intensité de toutes les directions du ciel.

En 1978, Penzias et Wilson reçurent le prix Nobel pour leur découverte. Et en 2006, les astrophysiciens américains John C. Mather et George F. Smoot le partagèrent pour leurs observations du CMB sur de larges régions du spectre, qui ont fait passer la cosmologie du domaine des idées malines mais invérifiables au royaume des sciences expérimentales précises et prédictives.

*

Puisque la lumière émise depuis des régions lointaines de l'univers met du temps à nous atteindre, regarder loin dans l'espace, c'est scruter le monde plusieurs éons en arrière dans le temps. Par conséquent, si vous regardez maintenant une galaxie lointaine, très lointaine, les éventuelles intelligences qui l'habitaient à l'époque devaient mesurer une température du fond cosmologique qui pouvait être supérieure à 2,7 kelvins. Tout simplement parce qu'elles vivaient dans un univers plus jeune, plus petit et plus chaud qu'aujourd'hui.

Il se trouve qu'on peut tester cette hypothèse. La molécule de cyanogène (CN, autrefois l'agent actif du gaz utilisé pour exécuter les meurtriers) est excitée quand elle est exposée aux micro-ondes. Si les micro-ondes sont plus chaudes que celle de notre CMB, elles excitent cette molécule un peu plus. Selon le modèle du Big Bang, le cyanogène dans les galaxies lointaines doit baigner dans un rayonnement cosmique plus chaud que les molécules de cyanogène de notre galaxie, la Voie lactée. Et c'est exactement ce qu'on observe.

On n'aurait pas pu inventer tout ça.

Qui aurait pu trouver intéressant d'échafauder de toutes pièces une telle histoire ? Pendant 380 000 ans après le Big-bang, l'univers était opaque de sorte que même assis au premier rang, vous n'auriez pas pu voir la matière prendre forme. Vous n'auriez pas pu repérer où les amas de galaxies et les vides qui les séparent commençaient à se mettre en place. Avant que qui que ce soit puisse voir quoi que ce soit d'intéressant, il fallait d'abord que les photons puissent voyager à travers l'univers sans être déviés.

Chaque photon commença son voyage à travers le cosmos au moment où il fut giflé pour la dernière fois par le dernier électron à se mettre sur son passage. C'est le point de « de dernière diffusion ». À mesure qu'ils étaient de plus en plus nombreux à échapper aux baffes des électrons, les photons formèrent une « surface » de dernière diffusion épaisse d'environ 120 000 ans. Cette surface est le lieu de naissance de tous les atomes de l'univers : un électron est capturé par un noyau atomique et une petite impulsion d'énergie, sous la forme d'un photon, s'élance dans l'immensité rouge et sauvage.

Dès cette époque, certaines régions de l'univers avaient commencé à s'effondrer sous l'effet de l'attraction gravitationnelle de leurs constituants. Les photons qui étaient diffusés pour la dernière fois dans ces régions avaient un profil différent, légèrement plus froid que ceux qui étaient diffusés par des électrons moins sociables perdus au milieu de nulle part. Là où la matière s'accumulait, la gravitation augmentait et attirait davantage de matière. Ces régions furent les germes des superamas de galaxies, tandis qu'ailleurs l'espace se vidait plus ou moins complètement.

Lorsque vous faites une carte précise du CMB, vous constatez qu'il n'est pas complètement régulier. Il y a des points alternativement légèrement plus chauds ou plus froids que la moyenne. En étudiant ces variations de température – c'est-à-dire en étudiant la structure de la surface de dernière diffusion – on peut en déduire le contenu matériel de l'univers primitif et son organisation. Nous savons comment la matière est répartie dans l'espace à l'heure actuelle parce que nous pouvons observer les galaxies, les amas de galaxies et les superamas du voisinage. Pour comprendre comment ces structures ont émergé, nous utilisons notre meilleur outil, le CMB – une formidable capsule temporelle qui donne aux astrophysiciens le pouvoir de reconstruire l'histoire de l'univers à l'envers. L'étude de ses caractéristiques revient à faire de la phrénologie cosmique : on tâte les bosses crâniennes du bébé cosmos.

Moyennant d'autres observations de l'univers contemporain qui permettent d'éliminer tous les modèles n'aboutissant pas à ce que l'on voit aujourd'hui, le CMB vous donne accès à une foule de propriétés fondamentales de l'univers. De la distribution des tailles des régions chaudes et froides, on déduit l'intensité de la gravitation à l'époque ou le CMB a été émis et la vitesse à laquelle la matière s'agglutinait. De là, vous pouvez calculer combien il y a de matière ordinaire, de matière noire et d'« énergie sombre » dans l'univers. Et dès lors, il est facile de dire si oui ou non l'univers va continuer à s'étendre éternellement.

*

La matière ordinaire est celle dont nous sommes tous faits. Elle est source de gravité et interagit avec la lumière. La matière noire est une substance mystérieuse qui est aussi source de gravité, mais qui – autant qu'on sache – n'interagit en aucune façon avec la lumière. L'énergie sombre est une mystérieuse pression au sein de l'espace vide lui-même, qui agit en sens inverse de la gravitation et qui oblige l'univers à grandir plus vite qu'il ne le ferait sans ça.

Notre étude phrénologique nous enseigne donc que nous comprenons effectivement le comportement de l'univers, mais qu'il est fait de substances dont la nature nous échappe complètement. Pourtant, malgré l'étendue de notre ignorance, la cosmologie est plus solide qu'elle ne l'a jamais été. Le CMB nous montre la grande porte d'entrée par laquelle nous sommes tous passés. À cet endroit, des phénomènes physiques intéressants se sont produits et c'est de là que viennent nos connaissances sur l'univers tel qu'il était avant et après que sa lumière soit libérée.

Grâce à la seule découverte du fond de rayonnement, la cosmologie est devenue bien plus qu'un mythe de plus sur nos origines. Mais la cartographie détaillée du rayonnement fossile est allée au-delà ; elle a fait de la cosmologie une science moderne. Les cosmologistes ont un ego développé. Comment faire autrement quand votre boulot consiste à comprendre comment l'univers tout entier est né ! En l'absence de données, leurs explications n'étaient que des hypothèses. Désormais, chaque nouvelle observation, chaque nouvel indice, soulève au-dessus de nos têtes une épée à deux tranchants : d'un côté cela permet à la cosmologie de profiter de tous les fondements dont se nourrit le reste de la science, de l'autre les théories que les gens ont inventées quand ils n'avaient pas de données suffisantes sont contraintes de reconnaître qu'elles sont justes ou qu'elles sont fausses.

C'est ainsi qu'une science atteint la maturité.

CHAPITRE IV

Entre les galaxies

Quand on fait le grand inventaire des constituants du cosmos, ce qu'on compte en général, ce sont des galaxies. Selon les dernières estimations, l'univers observable pourrait en contenir une centaine de milliards. Belles et scintillantes, fourmillant d'étoiles, les galaxies décorent les sombres vides de l'espace telles les lumières des villes lors d'un vol de nuit. Mais à quel point le vide de l'espace est-il vide ? (À quel point la campagne entre les villes est-elle déserte ?) Ce n'est pas parce que les galaxies nous sautent aux yeux et voudraient nous faire croire que rien d'autre ne compte, que l'univers ne contient pas entre les galaxies d'autres choses plus difficiles à détecter. Et il se pourrait que ces choses soient plus intéressantes ou plus importantes pour l'évolution de l'univers que les galaxies elles-mêmes.

Notre propre galaxie, la Voie lactée, a la forme d'une spirale. Elle doit son nom à son aspect, comparable à une traînée de lait répandue à travers le ciel nocturne de la Terre, du moins à l'œil nu. De fait, le mot galaxie lui-même dérive du grec « *galaxias* », qui signifie « laiteux ». Nos deux plus proches voisines, à 600 000 années-lumière, sont des galaxies plus petites et de forme irrégulière. D'après son journal de bord, Fernand de Magellan identifia ces deux objets cosmiques en 1519, au cours de son célèbre voyage autour du monde. C'est en son honneur qu'on les appelle le Grand et le Petit Nuage de Magellan. On les voit bien surtout depuis l'hémisphère sud, sous la forme d'une paire de taches nuageuses fixées au ciel derrière le rideau des étoiles proches. Parmi les galaxies de grande taille, la plus proche de la nôtre se trouve à deux millions d'années-lumière, par-delà les étoiles qui forment la constellation d'Andromède. Cette galaxie spirale, historiquement appelée la Grande Nébuleuse d'Andromède, est en quelque sorte une jumelle de la Voie lactée plus massive et plus lumineuse. Notez qu'aucun des noms de ces systèmes ne fait référence à la présence d'étoiles en leur sein. La Voie lactée ; les nuages de Magellan ; la Nébuleuse d'Andromède. Tous furent nommés avant l'invention des télescopes, à une époque où l'on ne pouvait pas détailler le fourmillement d'étoiles qui les constituent.

*

Comme on le verra en détail au chapitre IX, sans le bénéfice des télescopes qui opèrent dans différents domaines du spectre lumineux, nous pourrions encore croire que l'espace entre les galaxies est vide. Grâce à nos détecteurs et à nos théories modernes, nous avons sondé notre campagne cosmique et nous y avons détecté toutes sortes de choses qui passaient jusque-là inaperçues : des galaxies naines, des étoiles solitaires errantes, des étoiles solitaires errantes qui explosent, du gaz porté à des millions de degrés émettant des rayons X, de la matière noire, des galaxies bleu pâle, des nuages de gaz omniprésents, des particules chargées super-méga énergétiques et la mystérieuse énergie du vide quantique. Avec pareille liste, on pourrait penser que tous les trucs marrants de l'univers se passent entre les galaxies plutôt que dedans.

Dans n'importe quel volume passablement bien exploré de l'espace, on trouve dix fois plus de galaxies naines que de grandes. Mon premier essai sur l'univers, dans les années 1980, s'intitulait « La galaxie et les sept nains », en référence à la petitesse des proches voisines de la Voie lactée. Depuis cette époque, on a inventorié des douzaines de galaxies naines dans nos environs. Si une vraie galaxie contient des centaines de milliards d'étoiles, les galaxies naines peuvent n'en contenir que quelques millions, ce qui les rend des centaines de milliers de fois plus difficiles à voir. Pas étonnant qu'on continue à en découvrir juste sous notre nez !

Les galaxies naines où la production d'étoiles s'est arrêtée ressemblent à de petites taches sans intérêt. Les naines qui produisent encore des étoiles sont de forme irrégulière et, pour être franc, elles font plutôt peine à voir. Les galaxies naines ont trois choses en commun qui les rendent difficiles à détecter. Elles sont petites et passent facilement inaperçues quand de belles galaxies spirales se mettent en quatre pour attirer votre attention. Elles sont peu brillantes et sont donc systématiquement ratées par les recensements de galaxies qui limitent leur recherche au-dessus d'un certain niveau arbitraire de luminosité. Et leur population d'étoiles est peu dense, de sorte qu'elles contrastent peu avec le fond légèrement lumineux qu'adopte le ciel nocturne de la Terre à cause de son atmosphère et de la présence d'autres sources. Tout cela est vrai. Mais vu que les naines sont de très loin plus nombreuses que les galaxies « normales », peut-être devrions-nous réviser notre définition de la normalité.

Les galaxies naines (connues) traînent en général à proximité des plus grandes, en orbite autour d'elles comme des satellites. Les deux Nuages de Magellan font ainsi partie de la famille de la Voie lactée. Mais la vie d'une galaxie satellite peut s'avérer assez dangereuse. La plupart des modèles informatiques montrent que son orbite se dégrade lentement, jusqu'à ce que la naine impuissante soit déchirée puis avalée par la galaxie principale. La Voie lactée s'est rendue coupable d'au moins un de ces actes de cannibalisme au cours du dernier milliard d'années. Elle a consumé une galaxie naine dont les restes forment une traînée d'étoiles en orbite autour du centre galactique, à l'arrière-plan des étoiles de la constellation du Sagittaire. Le système est baptisé la « naine » du Sagittaire, mais on devrait peut-être dire « le déjeuner » du Sagittaire...

Dans l'environnement encombré des amas de galaxies, il arrive fréquemment que deux ou plusieurs galaxies entrent en collision et laissent derrière elles un prodigieux bazar : des structures spirales entortillées au point d'être méconnaissables, de toutes nouvelles régions de production d'étoiles qui fleurissent en pagaille là où les nuages de gaz s'entrechoquent et des centaines de millions d'étoiles éjectées dans tous les sens de leurs galaxies mères. Certaines de ces étoiles se rassemblent pour former des grumeaux qu'on pourrait considérer comme de nouvelles galaxies naines. D'autres continuent à errer toutes seules. Environ dix pourcents de toutes les grandes galaxies montrent des traces d'une rencontre gravitationnelle de grande ampleur avec une de leurs consœurs – et ce taux pourrait être cinq fois plus élevé parmi les galaxies qui vivent au sein des amas.

Étant donné tout ce chaos, combien d'épaves galactiques peuplent-elles l'espace entre les galaxies, en particulier au sein des amas ? Personne ne le sait vraiment. Les mesures sont très difficiles parce que les étoiles isolées sont trop peu lumineuses pour être détectées individuellement. Nous ne pouvons détecter que la faible lueur combinée de toutes les étoiles ensemble. Et justement, il se trouve que dans les amas, on observe une telle lueur diffuse entre les galaxies, ce qui suggère qu'il pourrait y avoir autant d'étoiles vagabondes et sans domicile qu'il y en a à l'intérieur des galaxies elles-mêmes.

Argument supplémentaire, nous avons détecté (sans les avoir cherchées) une douzaine de supernovas qui ont explosé très loin de leur galaxie hôte présumée. En général, dans une galaxie, pour chaque étoile qui explose de cette façon, il y en a entre cent mille et un million qui n'explosent pas. Du coup, ces supernovas isolées pourraient trahir la présence d'une population entière d'étoiles non détectées. Les supernovas sont des étoiles qui explosent en mille morceaux et qui, dans la foulée, voient leur luminosité s'accroître temporairement (sur quelques semaines) d'un facteur un milliard. Elles sont alors visibles à travers tout l'univers. Certes, une douzaine de supernovas, c'est peu. Mais, il en reste peut-être beaucoup d'autres à découvrir puisque la plupart des recherches de supernovas surveillent systématiquement les galaxies connues et non l'espace vide qui s'étend entre elles.

*

Les amas ne contiennent pas seulement des galaxies et des étoiles perdues. Les observations réalisées à partir de télescopes sensibles aux rayons X révélèrent que l'espace au sein des amas est rempli d'un gaz chauffé à des dizaines de millions de degrés. Ce gaz est si chaud, qu'il rayonne dans la partie extrême du spectre, les rayons X. Le simple mouvement des galaxies dans ce milieu finit par les dépouiller de leur propre gaz et les prive de leur capacité à produire de nouvelles étoiles. Tout cela pourrait s'expliquer. Mais lorsque vous calculez la masse totale de ce gaz surchauffé, vous trouvez que dans la plupart des amas, elle dépasse d'un facteur dix la masse de toutes les galaxies présentes. Pire encore, les amas sont noyés dans la matière noire qui s'avère encore dix fois plus massive que tout le reste réuni. En d'autres termes, si les télescopes voyaient la masse plutôt que la lumière, nos chères galaxies scintillant dans leurs amas n'apparaîtraient plus que comme d'insignifiants flocons au sein d'un « blob » géant de forces gravitationnelles.

Dans le reste de l'espace, à l'extérieur des amas de galaxies, on vient de découvrir une autre population de galaxies qui vécurent il y a très longtemps. Comme on l'a déjà dit, sonder les profondeurs du cosmos c'est, pour l'astrophysicien, un peu comme pour le géologue, sonder les couches sédimentaires qui révèlent à la vue l'histoire de la Terre. Les distances cosmiques sont si énormes que les temps de trajet de la lumière peuvent atteindre des millions, voire des milliards d'années. Lorsque l'univers avait la moitié de son âge actuel, il était peuplé d'une espèce de galaxies de taille intermédiaire, très pâles et très bleues. Nous les voyons. Mais ce que nous voyons vient d'il y a bien longtemps, dans une galaxie lointaine, très lointaine. Leur couleur bleue provient de la lueur d'étoiles jeunes très massives, très chaudes, très brillantes à l'espérance de vie très courte. Ces galaxies sont peu lumineuses non seulement parce qu'elles sont loin, mais parce que la population d'étoiles brillantes en leur sein n'est pas très dense. Tels les dinosaures qui régnèrent sur la Terre avant de disparaître en ne laissant comme descendance actuelle que les oiseaux, ces galaxies bleues faibles n'existent plus. Mais on peut penser qu'elles ont laissé une contrepartie dans l'univers actuel. Toutes leurs étoiles ont-elles fini par se consumer ? Sont-elles devenues d'invisibles cadavres éparpillés à travers l'univers ? Ont-elles évolué pour donner les galaxies naines qui nous sont familières aujourd'hui ? Ou furent-elles absorbées par les galaxies plus grandes ? Nous ne le savons pas, mais elles font bel et bien partie de notre histoire cosmique.

Vu tout ce qui traîne entre les grandes galaxies, ce qui se niche au-delà dans l'espace pourrait être partiellement masqué. Cela pourrait poser un problème pour les objets les plus distants de l'univers, comme les quasars. Les quasars sont des noyaux de galaxie hyperbrillants dont la lumière a d'ordinaire voyagé pendant des milliards d'années avant d'atteindre nos télescopes.

En tant que sources lumineuses extrêmement lointaines, ce sont des cobayes idéaux pour détecter toutes les saletés qui s'interposent entre eux et nous.

Effectivement, lorsque vous décomposez la lumière d'un quasar pour en faire le spectre, elle apparaît grêlée par les raies d'absorption de tous les nuages de gaz qu'elle a traversés. N'importe quel quasar, peu importe la région du ciel où on l'a trouvé, présente la trace de douzaines de nuages d'hydrogène errants dispersés à travers le temps et l'espace. Cette classe particulière d'objets intergalactiques fut identifiée pour la première fois au début des années 1980 et ils constituent toujours un domaine de recherche actif de l'astrophysique. D'où viennent-ils ? Combien de masse contiennent-ils ?

Tous les quasars connus présentent ces traces, caractéristiques de l'hydrogène ; on en déduit que les nuages d'hydrogène doivent être omniprésents dans l'univers. Et comme on pouvait s'y attendre, plus le quasar est lointain, plus nombreux sont les nuages que l'on détecte dans son spectre. Une partie de ces nuages (moins d'un pourcent) ne sont autres que le gaz ordinaire d'une galaxie normale, spirale ou irrégulière, à travers laquelle notre ligne de visée se trouve passer. C'est bien normal : on s'attend à ce que certains quasars se trouvent à l'arrière-plan de galaxies qui sont trop peu lumineuses pour être détectées. Mais le reste des nuages constitue une classe d'objets astronomiques entièrement à part.

La lumière des quasars traverse aussi parfois des régions de l'espace où sévissent des forces gravitationnelles monstrueuses qui chamboulent complètement leur image. Bien souvent ces régions sont difficiles à identifier parce qu'elles sont constituées de concentrations de matière ordinaire trop peu lumineuse pour être détectée ou par des accumulations de matière noire comme on en trouve au centre ou autour des amas de galaxies. Dans les deux cas, là où il y a de la masse, il y a de la gravité. Et, d'après la relativité générale d'Einstein, là où il y a de la gravité, l'espace est courbé. Et là où l'espace est courbé, il peut agir comme une lentille de verre bombé et dévier la trajectoire de la lumière qui le traverse. Dans les faits, on connaît une foule de quasars et de galaxies qui ont été ainsi « lentillés » par la masse d'objets qui se trouvent sur la ligne de visée de nos télescopes. Selon la masse de la lentille elle-même et son alignement plus ou moins exact avec la source à l'arrière-plan, son effet peut être d'amplifier l'image, de la tordre ou de la disperser en une multitude d'images fantômes, comme les miroirs d'une fête foraine.

C'est ainsi qu'un des objets (connus) les plus distants de l'univers n'est pas un quasar, mais une galaxie ordinaire dont la faible lumière a été considérablement amplifiée par l'action d'une lentille gravitationnelle devant elle. Il se pourrait donc que nous devions compter sur ces télescopes naturels « intergalactiques » pour sonder les régions (et les époques) trop lointaines pour nos instruments. Peut-être découvrirons-nous ainsi les futurs détenteurs des records de distance cosmique.

*

Personne n'a rien contre l'espace intergalactique, mais il peut être dangereux pour la santé de s'y balader. Laissons de côté le fait que vous gèleriez à mort tandis que la température de votre corps se mettrait à l'équilibre avec les 3 kelvins de l'univers. Et aussi le fait que vos cellules sanguines exploseraient tandis que vous-mêmes étoufferiez faute d'atmosphère. Ce sont là des dangers ordinaires. Au rayon des événements étranges, l'espace intergalactique est régulièrement transpercé par des particules subatomiques chargées, ultra-méga énergétiques et rapides. On les appelle les rayons cosmiques. Les particules de plus haute énergie y ont une centaine de millions de fois plus d'énergie que ce que l'on peut produire dans les accélérateurs de particule les plus puissants du monde. Leur origine reste un mystère, mais on sait que la plupart sont des protons – le noyau de l'atome d'hydrogène – fonçant à 99,99999999999999999999 pourcents de la vitesse de la lumière. Avec l'énergie remarquable qu'elle contient, une seule de ces particules subatomiques pourrait catapulter une balle de golf vers son trou depuis n'importe quelle position sur le green.

Mais le plus exotique dans le vide de l'espace et du temps, dans et entre les galaxies, c'est peut-être l'océan bouillonnant des particules virtuelles – des paires de particules et d'antiparticules indétectables qui apparaissent et disparaissent en permanence. C'est une étrange prédiction de la mécanique quantique qu'on a baptisé « l'énergie du vide ». Elle se manifeste comme une pression dirigée vers l'extérieur qui agit à l'encontre de la gravité. Elle existe même en l'absence de toute matière. L'énergie sombre qui accélère semble-t-il l'expansion de l'univers pourrait être cette énergie du vide en pleine action.

Oui, l'espace intergalactique est l'endroit où tout se passe. Et il en sera toujours ainsi.

CHAPITRE V

La matière noire

La gravitation, la plus familière des forces de la nature, préside à la fois aux phénomènes les mieux compris et aux plus mystérieux. Il a fallu l'esprit de la personne la plus brillante et la plus influente du dernier millénaire, Isaac Newton, pour comprendre que la mystérieuse « action à distance » de la gravitation est un effet naturel de n'importe quel bout de matière et que la force d'attraction entre deux objets quelconques peut-être décrite par une équation algébrique très simple. Il a fallu l'esprit de la personne la plus brillante et la plus influente du dernier siècle, Albert Einstein, pour montrer que l'on peut décrire plus précisément l'action à distance de la gravité comme la déformation de l'espace-temps lui-même sous l'effet de n'importe quelle combinaison de matière ou d'énergie. Einstein a démontré que la théorie de Newton doit être modifiée pour décrire la gravitation de façon plus exacte – par exemple, quand vous voulez prédire la déviation des rayons lumineux lorsqu'ils passent près d'un objet massif. Même si les équations d'Einstein sont nettement plus clinquantes que celles de Newton, elles conviennent fort bien à notre bonne vieille matière. C'est-à-dire à ce que nous voyons, touchons, sentons et, à l'occasion, goûtons.

Nous ne savons pas qui sera le suivant dans la séquence des génies, mais nous attendons maintenant depuis près d'un siècle que quelqu'un veuille bien nous expliquer pourquoi l'essentiel de la force gravitationnelle que nous mesurons dans l'univers – à hauteur de 85 % - semble provenir de substances qui n'interagissent par ailleurs pas du tout avec « notre » matière ou « notre » énergie. À moins que cet « excédent » de gravité ne provienne pas du tout de la matière ou de l'énergie, mais de quelque chose de conceptuellement différent. En tout cas, nous sommes paumés. Nous ne nous sommes pas approchés d'un iota de la réponse depuis l'époque où ce problème de « masse manquante » fut analysé de façon complète par l'astrophysicien bulgaro-suisso-américain Fritz Zwicky en 1937. Zwicky enseigna pendant quarante ans à l'Institut de technologie de Californie, combinant une compréhension encyclopédique des problèmes du cosmos, des manières hautes en couleur et une très impressionnante capacité à vexer ses collègues.

Zwicky étudia le mouvement des galaxies individuelles à l'intérieur d'un gigantesque amas situé très loin à l'arrière-plan des étoiles de la Voie lactée constituant la constellation *Coma Berenices* (la « Chevelure de Bérénice », une reine égyptienne de l'Antiquité). L'amas de Coma, comme on l'appelle, est un ensemble de galaxies isolé et densément peuplé situé à environ 300 millions d'années-lumière de la Terre. Ses milliers de galaxies orbitent en tous sens autour de son centre, comme des abeilles bourdonnent autour d'une ruche. En se servant du mouvement d'une douzaine de galaxies pour calculer le champ de gravité qui lie l'ensemble de l'amas, Zwicky s'aperçut que leur vitesse moyenne était invraisemblablement élevée. Vu que les forces gravitationnelles donnent aux objets qu'elles attirent des vitesses d'autant plus grandes qu'elles sont elles-mêmes intenses, Zwicky en déduisit que l'amas de

Coma devait avoir une masse énorme. Dans ce genre de situation, vous pouvez tenter de vérifier vos calculs en additionnant la masse de toutes les galaxies que vous voyez dans l'amas. Hélas, malgré le fait que l'amas de Coma figure parmi les plus grands et les plus massifs de l'univers connu, il ne contient tout simplement pas assez de galaxies visibles pour rendre compte des vitesses observées par Zwicky.

Est-ce grave ? Les lois de la gravitation telles que nous les connaissons nous ont-elles trahis ?

Elles marchent pourtant très bien à l'intérieur de notre Système solaire. Newton a montré que vous pouvez calculer la vitesse exacte à laquelle une planète doit circuler pour rester à une distance donnée du Soleil sans lui tomber dessus ou au contraire sans s'élever vers une orbite plus haute. Il se trouve que si on pouvait pousser la Terre pour que sa vitesse orbitale dépasse la racine carrée de deux (1,4142…) fois sa vitesse actuelle, elle atteindrait la « vitesse de libération » et serait éjectée complètement du Système solaire. On peut appliquer le même raisonnement à des systèmes bien plus grands, comme notre Voie lactée, au sein de laquelle chaque étoile orbite en réponse à la gravité exercée par toutes les autres, ou encore aux amas de galaxies dans lesquels, de la même façon, chaque galaxie ressent la gravité des autres galaxies. Dans cet esprit, au milieu d'une série de formules, Einstein écrivit dans son carnet ce poème en l'honneur d'Isaac Newton (qui sonne bien mieux en Allemand que dans ma traduction) :

« Regarder les étoiles pour nous dépeindre
Comment la pensée du maître peut nous atteindre
Chacun suit les calculs en silence
De Newton quand il avance. »[1]

1. Note manuscrite, citée dans Károly Simonyi, *A Cultural History of Physics* (Boca Raton, FL: CRC Press, 2012).

Quand on examine l'amas de Coma comme le fit Zwicky dans les années 1930, on trouve que toutes les galaxies qui le constituent se déplacent plus vite que la vitesse de libération de l'amas. L'amas devrait rapidement se disperser dans l'espace. Il ne devrait subsister aucune trace de cette ruche au bout de quelques centaines de millions d'années. Or, l'amas a plus de dix milliards d'années d'existence, ce qui est presqu'aussi vieux que l'univers lui-même. Ainsi naquit le problème d'astrophysique demeuré jusqu'ici le plus longtemps insoluble.

*

Tout au long des décennies qui suivirent les travaux de Zwicky, on découvrit que d'autres amas présentaient le même problème. On ne pouvait donc plus accuser Coma d'être anormal. Mais alors, à qui la faute ? Newton ? Pour le moment, je ne m'y risquerais pas. Ses théories ont été passées au peigne fin pendant 250 ans et elles ont passé tous les tests. Einstein ? Non. La gravité des amas de galaxies a beau être formidable, elle n'est pas suffisante pour qu'il soit nécessaire de recourir à la massue de la relativité générale pour l'étudier (cette théorie n'avait d'ailleurs qu'une vingtaine d'années quand Zwicky fit ses recherches). Peut-être que la « masse manquante » nécessaire pour maintenir la cohésion de l'amas de Coma existe effectivement sous une forme inconnue et invisible. Aujourd'hui, on a fini par se décider pour le terme de « matière noire », qui n'implique pas qu'il manque quoi que ce soit, mais suggère qu'il doit exister une nouvelle sorte de matière attendant d'être découverte qui fournirait le supplément de gravité nécessaire à la cohésion des amas de galaxies.

Au moment où les astrophysiciens commençaient à s'habituer à la mystérieuse présence de la matière noire dans les amas de galaxies, elle réapparut ailleurs. Tout en restant invisible. En 1976, la regrettée Vera Rubin, une astrophysicienne de l'Institution Carnegie de Washington, découvrit un problème de « masse manquante » similaire au sein des galaxies spirales elles-mêmes. En étudiant la vitesse à laquelle les étoiles tournent autour du centre de leur galaxie, Rubin commença par trouver ce à quoi elle s'attendait : à l'intérieur du disque visible de chaque galaxie, les étoiles plus loin du centre se déplacent plus vite. C'est normal : les étoiles les plus éloignées ont plus de matière (du gaz et d'autres étoiles) qui les attire à l'intérieur de leur orbite, ce qui les oblige à tourner plus vite. Cependant, au-delà du disque lumineux de la galaxie, les astronomes observent encore quelques nuages de gaz isolés et une poignée d'étoiles brillantes. Rubin se servit de ces objets pour mesurer le champ de gravité à l'extérieur des régions les plus lumineuses de la galaxie, là où en principe il n'y a plus de matière visible à ajouter au total. Et elle découvrit que là-bas à Trifouillis-les-Oies, les vitesses orbitales qui auraient dû diminuer avec la distance restaient en fait élevées.

Ces volumes d'espace largement vides – la campagne profonde de chaque galaxie – contenaient trop peu de matière visible pour expliquer les vitesses orbitales anormalement élevées des étoiles témoin. Rubin en déduisit à juste titre qu'une matière noire d'une sorte ou d'une autre devait être répandue là, bien au-delà des bords visibles de chaque galaxie spirale. Grâce aux travaux de Rubin, nous appelons ces zones mystérieuses les « halos de matière noire ».

Ce problème de halo se pose juste sous notre nez en plein dans la Voie lactée. D'une galaxie ou d'un amas à l'autre, le rapport entre la masse totale déduite de la gravitation et celle qu'on obtient en comptabilisant les objets visibles peut-être d'un facteur deux ou trois, voire (dans certains cas) d'un facteur de plusieurs centaines. En moyenne pour tout l'univers, le rapport est d'environ six : la matière noire du cosmos représente environ six fois la masse de la matière visible.

Des recherches ultérieures ont montré que la matière noire ne peut pas être faite de matière ordinaire qui se trouverait être, pour une raison ou une autre, trop faiblement ou pas du tout lumineuse. Cette conclusion repose sur deux raisonnements différents. D'abord, nous pouvons faire comme la police : passer en revue tous les suspects plausibles connus. La matière noire pourrait-elle être constituée de trous noirs ? Non. Nous pensons que s'il y avait autant de trous noirs dans le ciel, on les aurait déjà détectés via leurs effets gravitationnels sur les étoiles proches. Pourrait-il s'agir de nuages sombres ? Non, car ils absorberaient la lumière des étoiles situées en arrière-plan ou interagiraient avec elle d'une façon ou d'une autre, ce que la matière noire authentique ne fait pas. Pourrait-il y avoir quantité de planètes, d'astéroïdes ou de comètes – toutes choses qui n'émettent pas de lumière propre – rodant en solitaires entre les étoiles, voire entre les galaxies ? On a peine à croire que l'univers ait utilisé six fois plus de matière pour faires des planètes que pour faire des étoiles. Cela voudrait dire six mille Jupiter pour chaque étoile, ou pire deux millions de Terres. Dans notre Système solaire, par exemple, en additionnant tout ce qui n'est pas l'astre du jour on trouve moins d'un cinquième de pourcent de la masse du Soleil.

Il y a un indice plus direct du fait que la matière noire est une substance étrange. Il vient des abondances relatives de l'hydrogène et de l'hélium dans l'univers. Ensemble, ces nombres constituent une « empreinte cosmique » laissée par l'univers primordial. Durant les quelques premières minutes de l'univers, la fusion nucléaire a produit presque exactement un noyau d'hélium pour quatre noyaux d'hydrogène (qui ne sont autres que des protons). Les calculs montrent que si l'essentiel de la matière noire avait participé à la fusion, il y aurait bien plus d'hélium par rapport à l'hydrogène dans l'univers. On peut en conclure que l'essentiel de la matière noire – et par conséquent l'essentiel de la masse de l'univers – ne participe pas à la fusion nucléaire. Ce qui la disqualifie en tant que matière « ordinaire », qui, par essence, se prête volontiers au jeu des forces atomiques et nucléaires qui la façonnent. Les observations détaillées du fond de rayonnement cosmologique confirment ce résultat de façon indépendante : la matière noire ne pratique pas la fusion nucléaire.

Tout porte donc à croire que la matière noire n'est pas simplement constituée de matière qui se trouverait être sombre. C'est quelque chose de complètement différent. Tout comme la matière ordinaire, la matière noire suit les lois de l'attraction gravitationnelle, mais elle ne fait semble-t-il rien d'autre qui nous permettrait de la détecter. Bien sûr, nous sommes un peu coincés dans cette analyse par le fait que nous ne savons pas ce qu'est la matière noire. Par exemple, s'il est vrai que toute masse produit de la gravité, faut-il que toute gravité soit engendrée par de la masse ? Nous ne le savons pas. Le terme de « matière noire » implique qu'il existe une forme de matière que nous ne comprenons pas encore. Mais peut-être n'est-ce pas la matière le problème. Peut-être est-ce la gravitation que nous ne comprenons pas.

*

La différence d'abondance entre matières noire et ordinaire varie notablement d'un environnement astrophysique à l'autre, mais commence à être vraiment prononcée pour les grands objets comme les galaxies et les amas de galaxies. Pour les corps plus petits, comme les lunes et les planètes, il n'y a pas d'écart. La pesanteur à la surface de la Terre, par exemple, s'explique très bien à partir de la matière ordinaire que nous avons sous nos pieds. Si vous êtes en surpoids, n'accusez pas la matière noire ! La matière noire n'a pas non plus d'influence sur l'orbite de la Lune autour de la Terre, ni sur le mouvement des planètes autour du Soleil. Mais comme on vient de le voir, nous en avons besoin pour expliquer le mouvement des étoiles autour du centre de la galaxie.

Est-ce à dire qu'une physique de la gravitation différente opère aux grandes échelles ? Probablement pas. Il est plus vraisemblable que la matière noire soit une matière dont nous devons encore deviner la nature. En particulier, elle se rassemble de façon plus diffuse que la matière ordinaire. Sinon, nous détecterions la gravité de morceaux de matière noire concentrés qui ponctueraient l'univers – des comètes de matière noire, des planètes de matière noire, voire des galaxies de matière noire. Autant qu'on puisse le dire pour le moment, il n'en est rien.

Ce que nous savons, c'est que notre bonne vieille matière à nous – la substance qui constitue les étoiles, les planètes et les êtres vivants – n'est qu'un léger glaçage à la surface du gâteau cosmique, de modestes bouchons dérivant au sein d'un vaste océan de quelque chose qui ne ressemble à rien d'autre.

*

Dès le premier demi-million d'années qui suivit le Big-bang, un clin d'œil par rapport aux quatorze milliards d'années de l'histoire cosmique, la matière avait commencé à s'agglutiner en grumeaux qui deviendraient plus tard des amas et des superamas de galaxies. Mais l'univers allait doubler de taille durant le demi-million d'années suivant et il continuerait à grandir après ça. Dans un univers en expansion, deux mouvements contraires sont en compétition : la gravité veut que les choses s'agglutinent, mais l'expansion veut les disperser. Si vous faites bien tous les calculs, vous vous apercevez très vite que la gravité de la matière ordinaire ne pouvait pas gagner cette bataille toute seule. Elle avait besoin de l'aide de la matière noire. Sans elle, nous serions en train de vivre – ou plutôt en train de ne pas vivre – dans un univers sans structure : pas d'amas, pas de galaxies, pas d'étoiles, pas de planètes et pas de gens.

De quelle masse de matière noire avons-nous besoin ? Six fois plus de matière noire que de matière ordinaire. Précisément la quantité que nous mesurons dans l'univers. Cette analyse ne nous dit rien sur la nature de la matière noire, mais simplement que ses effets sont réels et que vous aurez beau essayer, vous ne pourrez pas les attribuer à la matière ordinaire.

*

La matière noire est donc notre meilleur ennemi. Nous n'avons pas la moindre idée de ce que c'est, et c'est plutôt agaçant. Mais nous en avons désespérément besoin dans nos calculs pour décrire correctement l'univers. En général, les scientifiques sont mal à l'aise chaque fois qu'ils doivent baser leurs calculs sur des concepts qu'ils ne comprennent pas. Mais nous le faisons quand nous y sommes obligés. Et la matière noire n'est pas notre coup d'essai. Au dix-neuvième siècle, par exemple, les scientifiques mesurèrent la quantité d'énergie émise par le Soleil et comprirent ses effets sur les saisons et le climat longtemps avant que qui que ce soit n'ait l'idée d'attribuer cette énergie à la fusion thermonucléaire. À l'époque, les meilleures hypothèses incluaient l'idée a posteriori risible, que le Soleil fut un gros morceau de charbon en train de brûler. Au dix-neuvième siècle toujours, nous avons observé les étoiles et obtenu leurs spectres à partir desquels nous les avons classées longtemps avant que la mécanique quantique, introduite au vingtième siècle, ne nous permette de comprendre d'où venaient ces spectres et pourquoi ils avaient la tête qu'ils avaient.

D'indécrottables sceptiques pourraient comparer la matière noire d'aujourd'hui à feu l'hypothétique « éther » qu'on imaginait encore au dix-neuvième siècle : un substrat dépourvu de masse, transparent, qui imprégnait l'espace vide et permettait à la lumière se propager. Jusqu'à ce qu'une célèbre expérience réalisée en 1887 par Albert Michelson et Edward Morley à l'université

Case Western Reserve de Cleveland y mette bon ordre, les scientifiques pensaient que l'éther devait obligatoirement exister, malgré le fait qu'ils n'avaient pas la queue d'un indice pour l'affirmer. On pensait simplement qu'en tant qu'onde, la lumière avait besoin d'un milieu vibrant au sein duquel se propager, exactement comme le son nécessite la présence d'air ou d'un autre substrat matériel pour être transmis. Mais il s'avère que la lumière est très contente de se déplacer à travers l'espace vide. Contrairement aux ondes sonores, qui sont des vibrations de l'air, on a fini par comprendre que les ondes lumineuses sont faites de paquets d'énergie qui se propagent tout seuls, sans l'aide de personne.

Mais notre ignorance sur la matière noire diffère profondément de celle qui nous a fait croire à l'éther. L'éther était une béquille rendue nécessaire par notre compréhension incomplète de la lumière, tandis que l'existence de la matière noire dérive non pas d'une simple supposition, mais de l'observation de ses effets gravitationnels sur la matière visible. Nous n'avons pas sorti la matière noire de notre chapeau ; nous avons été contraints de conclure à son existence par des faits d'observations. La matière noire est aussi réelle que les milliers d'exoplanètes découvertes en orbite autour d'autres étoiles que le Soleil et détectées uniquement par leurs effets gravitationnels sur leur étoile mère plutôt que par l'observation directe.

Dans le pire des cas, on finira par découvrir que ce qu'on a appelé « matière » noire n'est finalement pas de la matière du tout, mais quelque chose de complètement différent. Serions-nous témoins des effets de forces venues d'autres dimensions ? Sommes-nous en train de sentir l'attraction ordinaire exercée par de la matière ordinaire filtrant à travers la membrane d'un univers fantôme adjacent au nôtre ? Dans ce cas, cet univers voisin pourrait n'être – pourquoi pas ? – qu'un univers parmi un éventail infini d'univers constituant ensemble un gigantesque multivers. C'est si exotique que cela semble incroyable. Mais est-ce vraiment plus dingue que de dire pour la première fois quc la Terre tourne autour du Soleil ? Ou que le Soleil n'est qu'une des cent milliards d'étoiles de la Voie lactée ? Ou que la Voie lactée n'est qu'une des cent milliards de galaxies de l'univers ?

Même si l'une quelconque de ces explications fantastique s'avérait vraie, nous aurions toujours besoin de l'effet gravitationnel de la matière noire pour faire fonctionner avec succès les équations dont nous nous servons pour comprendre la formation et l'évolution de l'univers.

D'autres sceptiques acharnés diront que « voir c'est croire » – une philosophie de vie fort utile dans bien des cas, qu'il s'agisse d'ingénierie mécanique, de pêche et peut-être même de drague. Elle convient aussi apparemment très bien aux résidents du Missouri[1]. Mais pour faire de la bonne science, elle ne vaut rien. La science ne consiste pas simplement à voir, mais à mesurer, si possible avec *autre chose* que vos yeux, inextricablement liés à votre cerveau et à son bagage d'idées préconçues, de notions inventées et d'opinions complètement partiales.

*

Puisque la matière noire a résisté à toutes nos tentatives de détection directe sur Terre depuis trois quarts de siècle, le jeu continue. Les physiciens des particules sont convaincus que la matière noire est constituée d'une classe un peu fantomatique de particules encore à découvrir, qui interagissent avec les particules de matière via la gravité, mais qui par ailleurs n'interagissent que très peu ou pas du tout avec la matière et la lumière. Si vous aimez les paris de physique, cela vaut le coup de miser là-dessus. Les plus grands accélérateurs de particules essayent de tirer des particules

---

1. Lesquels ont la réputation d'avoir les pieds sur terre et de ne croire que ce qu'ils voient, d'où le surnom de « Show Me State » donné à leur État. (Note du traducteur).

de matière noire des décombres des collisions de particules ordinaires. Et sous terre, des laboratoires spécialement conçus tentent de déceler passivement le passage de particules de matière noire au cas où il nous en arriverait de l'espace. Parce qu'elles sont souterraines, ces installations sont naturellement protégées des particules cosmiques connues qui pourraient autrement se faire passer pour de la matière noire auprès des détecteurs.

Peut-être qu'on est en train de faire beaucoup de bruit pour rien. Mais, l'idée qu'une particule fantomatique pourrait constituer la matière noire a un bon précédent. Les neutrinos, par exemple, furent prédits puis finalement détectés malgré le fait qu'ils interagissent extrêmement faiblement avec la matière ordinaire. Un flux copieux de neutrinos – deux pour chaque noyau d'hélium produit par la fusion de l'hydrogène dans le cœur du Soleil – sort de notre étoile sans la moindre perturbation, voyage à travers le vide de l'espace à une vitesse proche de celle de la lumière puis passe à travers la Terre comme si elle n'existait pas. Bilan des courses : de nuit comme de jour, une quinzaine de milliards de neutrinos solaires traversent chaque centimètre carré de votre peau à chaque seconde sans interagir le moins de monde avec les atomes de votre corps. Malgré leur nature insaisissable, on peut néanmoins stopper les neutrinos dans certaines circonstances. Et si vous pouvez stopper une particule, vous l'avez détectée.

Les particules de matière noire pourraient être révélées de la même façon, au travers d'interactions très rares ou – encore plus étonnant – si elles agissaient par l'intermédiaire de forces autres que la force nucléaire forte, la force nucléaire faible ou l'électromagnétisme. Avec la gravitation, ces trois-là constituent les quatre fantastiques de l'univers, des forces qui régissent toutes les interactions entre les particules connues. Donc le choix et clair. Soit les particules de matière noire attendent que nous découvrions et maîtrisions une nouvelle force voire une nouvelle classe de forces, soit elles interagissent via les forces normales, mais avec une stupéfiante faiblesse.

Les effets de la matière noire sont réels. Simplement, nous ne savons pas ce qu'elle est. La matière noire ne semble pas interagir via la force nucléaire forte et elle ne peut donc pas constituer de noyaux. On constate qu'elle n'interagit pas via la force faible, chose que même les fantomatiques neutrinos arrivent à faire. Elle ne semble pas non plus interagir avec la force électromagnétique, raison pour laquelle elle ne peut former des molécules ou se concentrer en boules denses de matière noire. Et elle n'émet, n'absorbe, ni ne diffuse de lumière. Comme on l'a signalé depuis le début, la matière noire exerce tout de même une gravité qui est ressentie par la matière ordinaire. Mais c'est tout. Après toutes ces années, on ne l'a jamais surprise à faire autre chose.

Pour le moment, nous devons nous contenter de traîner la matière noire avec nous, comme un ami bizarre et invisible que nous évoquons chaque fois que l'univers l'exige.

CHAPITRE VI

L'énergie sombre

Comme si on n'avait pas déjà assez de soucis comme ça avec l'univers, on a découvert ces dernières décennies que l'espace vide lui-même exerce une pression opposée à la gravité cosmique. Pire, cette « pression négative » gagnera le bras de fer final en forçant l'expansion de l'univers à accélérer de façon exponentielle dans le futur.

Quand une idée du vingtième siècle défie l'entendement en physique, vous pouvez être sûr que c'est la faute à Einstein.

Albert Einstein ne mit presque jamais les pieds dans un laboratoire. Il ne testait pas les phénomènes et n'utilisait pas de matériel compliqué. C'était un théoricien qui réalisait des « expériences de pensée ». Le genre d'expérience dans lequel vous affrontez la nature par l'imagination, en inventant une situation ou un modèle qui vous permet de tirer toutes les conséquences d'un principe physique. En Allemagne, avant la Seconde Guerre mondiale, les scientifiques « aryens » avaient bien plus de considération pour la physique expérimentale en laboratoire que pour la physique théorique. Les scientifiques juifs étaient tous relégués au bac à sable de la théorie où on les laissait se débrouiller tout seuls. Et quel bac à sable ça allait devenir…

Si un modèle physique tente de représenter l'univers tout entier, comme c'était le cas pour celui d'Einstein, alors manipuler ce modèle revient plus ou moins à manipuler l'univers lui-même. Les observateurs et les expérimentateurs peuvent ensuite sortir dans la nature chercher les phénomènes prédits par le modèle. S'il est faux ou si les théoriciens se trompent dans leurs calculs, les observateurs constatent une différence entre les prédictions et la façon dont les choses se passent pour de vrai dans l'univers et c'est là que le théoricien comprend qu'il doit revoir sa proverbiale copie, soit en ajustant son vieux modèle, soit en en inventant un autre.

La théorie de la relativité générale d'Einstein, dont on a déjà parlé dans ces pages – que vous pouvez appeler RG, maintenant que vous la connaissez mieux –, est un des modèles les plus puissants et les plus profonds jamais inventés. Publiée en 1916, la RG explique mathématiquement et en détail comment toute chose dans l'univers se déplace sous l'influence de la gravité. Tous les ans ou presque, des chercheurs en laboratoire inventent une nouvelle expérience à chaque fois plus précise pour tenter de prendre la théorie en défaut. Et ils ne parviennent qu'à étendre encore son domaine de validité. Einstein nous a offert une stupéfiante compréhension de l'univers. Un exemple récent nous en a été offert en 2016, lorsque des ondes gravitationnelles ont été détectées par un observatoire précisément conçu à cet effet[1]. Ces ondes, prédites par Einstein, sont des rides qui courent sur trame de l'espace-temps à la vitesse de la lumière à chaque fois qu'il est

1. L'observatoire d'ondes gravitationnelles par interférométrie laser (en anglais LIGO, *Laser Interferometer Gravitational-Wave Observatory*) dont les installations se trouvent à Hanford, dans l'État de Washington (États-Unis) et à Livingston, en Louisiane (États-Unis).

violemment perturbé, par exemple lors de la collision de deux trous noirs.

C'est exactement ce qu'on a observé. Les ondes gravitationnelles de cette première détection ont été engendrées par la collision de deux trous noirs dans une galaxie située à 1,3 milliard d'années-lumière, à une époque où la Terre grouillait d'organismes unicellulaires. Pendant les 800 millions d'années suivant, tandis que ces ondulations se répandaient dans l'espace, une vie plus complexe évoluait sur Terre : des fleurs, des dinosaures et des créatures volantes. Et aussi une branche particulière de vertébrés appelés mammifères. Parmi ces mammifères, un certain embranchement développa des lobes frontaux cérébraux qui permettaient d'avoir des idées complexes. Nous les appelons les primates. Une lignée de primates subit des mutations génétiques qui lui donnèrent la parole et, de là, *Homo sapiens* inventa l'agriculture, la civilisation, la philosophie, l'art et la science (tout ceci au cours des derniers dix mille ans). Finalement, un scientifique humain inventa la relativité dans sa tête et prédit l'existence des ondes gravitationnelles. Un siècle plus tard, la technologie capable de tester cette prédiction fut enfin disponible. C'était quelques jours à peine avant que les vagues gravitationnelles qui voyageaient depuis 1,3 milliard d'années ne déferlent sur la Terre.

Ouaip, Einstein était un caïd.

*

Lorsqu'ils sont proposés pour la première fois, la plupart des modèles scientifiques sont plus ou moins incomplets et contiennent un tas de variables d'ajustement qu'on peut manipuler pour les faire correspondre à l'univers connu. Dans le modèle « héliocentrique » – centré sur le Soleil – conçu par le mathématicien Nicolas Copernic au seizième siècle, les planètes tournaient sur des orbites parfaitement circulaires. La partie

« autour du Soleil » était exacte, mais le coup des « cercles parfaits » s'avéra légèrement à côté de la plaque (toutes les planètes tournent autour du Soleil selon des cercles aplatis qu'on appelle des ellipses, et même cette forme n'est que l'approximation d'une trajectoire plus complexe). L'idée principale de Copernic était bonne, et c'est surtout cela qui comptait. Elle avait simplement besoin de quelques ajustements pour être exacte.

En revanche, dans le cas de la relativité d'Einstein, les principes fondamentaux de la théorie exigent que tout se passe exactement comme prédit. Einstein a bâti ce qui ressemble à première vue à un immense château de cartes en équilibre précaire sur deux ou trois principes fondateurs. D'ailleurs, lorsqu'Einstein apprit la publication en 1931 d'un livre intitulé *Cent auteurs contre Einstein*[1], il remarqua ironiquement que s'il avait eu tort, un seul aurait suffi.

Dans sa théorie se trouvaient plantées les graines d'une des gaffes les plus fascinantes de l'histoire des sciences. Les équations toutes neuves d'Einstein contenaient un terme qu'il appelait la « constante cosmologique » et qu'il représentait par la lettre grecque lambda : Λ. La constante cosmologique était un terme mathématiquement autorisé, mais optionnel, dont il avait choisi la valeur pour que son modèle représente un univers statique.

À cette époque, il ne venait à l'idée de personne que l'univers puisse faire autre chose que simplement exister. Donc le seul boulot de lambda était de maintenir l'univers en équilibre en s'opposant à la gravité et à sa tendance naturelle à provoquer l'effondrement de tout le cosmos en une seule et énorme masse. De cette façon, Einstein inventait un univers qui ne s'étendait ni ne se contractait, conforme aux attentes de tout un chacun à l'époque.

1. R. Israel, E. Ruckhaber, R. Weinmann, et al., *Hundert Autoren Gegen Einstein* (Leipzig : R. Voigtlanders Verlag, 1931).

Plus tard, le physicien russe Alexandre Friedmann démontra mathématiquement que l'univers d'Einstein était en équilibre, mais en équilibre précaire. Tout comme un ballon posé au sommet d'une colline est prêt à rouler dans n'importe quelle direction à la moindre provocation, tel un crayon en équilibre sur sa mine, l'univers d'Einstein était maladroitement perché entre un état d'expansion et un état d'effondrement total. Notez aussi que la théorie d'Einstein était nouvelle. Ce n'est pas parce que vous donnez un nom à quelque chose qu'il en devient plus réel : Einstein savait en particulier que la gravité répulsive représentée par lambda ne correspondait à rien de connu dans le monde physique.

*

La théorie de la relativité générale d'Einstein était radicalement différente de toutes les réflexions précédentes sur l'attraction gravitationnelle. Au lieu de se contenter, à l'instar de Newton, de voir la gravitation comme une action à distance un peu magique (une conclusion qui mettait Newton lui-même mal à l'aise), la RG considère la gravité comme une réponse de la matière à la courbure locale de l'espace et du temps causée par la présence d'autres masses ou champs d'énergie. En d'autres termes, les concentrations de matière engendrent des distorsions – de légers creux, en fait – dans la trame de l'espace-temps. Et ces distorsions guident les masses en mouvement le long de lignes géodésiques[1] droites, même si elles nous apparaissent comme les trajectoires courbées que nous appelons orbites. Le physicien théoricien américain du vingtième siècle John Archibald Wheeler a parfaitement résumé

1. Géodésique est un terme inutilement tarabiscoté pour désigner la ligne la plus courte que l'on peut tracer entre deux points sur une surface courbée, notion étendue dans le cas présent à la plus courte distance entre deux points dans la trame à quatre dimensions de l'espace-temps.

les conceptions d'Einstein : « La matière dit à l'espace comment se courber et l'espace dit à la matière comment se mouvoir »[1].

En définitive, la relativité générale décrivait deux sortes de gravité. La première est celle qui nous est familière, comme l'attraction entre la Terre et une balle qu'on jette en l'air ou entre le Soleil et les planètes. Mais elle prédisait aussi l'existence d'une autre variété – une mystérieuse pression antigravitationnelle associée à l'espace vide lui-même. Lambda préservait ce qu'Einstein et tous les autres physiciens tenaient pour vrai : le statu quo d'un univers statique. Mais cet univers statique était instable. Décréter qu'un état instable est l'état naturel d'un système physique viole le credo des scientifiques. Vous n'avez pas le droit d'expliquer que l'univers est un cas particulier qui se trouve, comme par magie, en équilibre précaire de toute éternité. Rien de ce qu'on a pu observer, mesurer ou imaginer dans l'histoire des sciences ne s'est jamais comporté de la sorte. C'est un précédent plutôt contraignant !

Treize ans plus tard, en 1929, l'astronome américain Edwin P. Hubble découvrit que l'univers n'est pas statique. Il avait déniché et rassemblé un ensemble convaincant d'observations suggérant que plus une galaxie est éloignée de notre Voie lactée, plus elle s'en éloigne vite. En d'autres termes, l'univers est en expansion. Einstein était désormais bien embêté par sa constante cosmologique qui l'avait de surcroît empêché de prédire l'expansion universelle. Il la supprima complètement de sa théorie et la qualifia de « plus grande gaffe » de sa vie. En jetant lambda de ses équations, il lui attribuait de fait la valeur zéro. C'est un peu comme si, sachant que A = B + C, vous appreniez que A = 10 et que B = 10. Dans ce cas, A est toujours égal à B plus C, sauf que C vaut alors 0 et que vous n'avez plus besoin de l'écrire dans l'équation.

1. J'ai suivi le cours de John Wheeler sur la relativité générale à l'université (j'y ai d'ailleurs rencontré ma femme) et il répétait souvent cette phrase.

Mais ce n'était pas la fin de l'histoire. Au cours des décennies suivantes, les théoriciens ressortirent régulièrement lambda du placard histoire de tester leurs idées dans un modèle d'univers doté d'une constante cosmologique. Soixante-neuf ans plus tard, en 1998, la science exhuma lambda une dernière fois. Au début de cette année-là, deux équipes concurrentes d'astrophysiciens firent une annonce extraordinaire. L'une était dirigée par Saul Perlmutter du Laboratoire national Lawrence Berkeley, à Berkeley en Californie. L'autre était codirigée par Brian Schmidt des observatoires du Mont Stromlo et de Siding Springs à Canberra, en Australie, et par Adam Riess de l'Université John Hopkins à Baltimore, dans le Maryland. Des douzaines de supernovas parmi les plus lointaines jamais observées apparaissaient notablement moins lumineuses que prévu étant donné le comportement bien connu de cette variété particulière d'étoiles explosives. Cela signifiait soit que ces supernovas distantes ne se comportaient pas comme leurs sœurs plus proches, soit qu'elles étaient plus de quinze pourcents plus lointaines que ne le disaient les modèles cosmologiques du moment. La seule chose qu'on connaissait qui rendait « naturellement » compte de cette accélération était le fameux lambda d'Einstein, sa constante cosmologique. Quand les astrophysiciens lui passèrent un coup de chiffon pour la remettre dans les équations d'Einstein, l'état de l'univers réel tel qu'on le voyait désormais correspondait parfaitement à celui des équations d'Einstein.

*

Les supernovas utilisées dans les travaux de Schmidt et Perlmutter valent leur pesant de carburant nucléaire. À l'intérieur de certaines limites, chacune de ces étoiles explose de la même manière, brûlant la même quantité de carburant, émettant la même gigantesque quantité d'énergie dans la même durée et atteignant ainsi le même maximum d'intensité. Elles peuvent donc servir de chaîne d'arpenteur cosmique ou de « chandelles standards » : vous pouvez calculer la distance de la galaxie au sein de laquelle elles explosent quelle que soit sa distance dans l'univers.

Les chandelles standards simplifient énormément les calculs : puisqu'elles ont toutes le même débit d'énergie, les moins lumineuses sont les plus lointaines et les plus brillantes sont les plus proches. Il vous suffit de mesurer leur éclat (une tâche facile) pour dire exactement où elles se trouvent. Si les supernovas avaient toutes des luminosités différentes vous ne pourriez pas comparer leurs distances à partir de leur seul éclat. Une supernova peu lumineuse pourrait aussi bien être un phare puissant situé très loin qu'une faible ampoule toute proche.

Parfait. Mais il se trouve qu'il existe une seconde manière de mesurer la distance des galaxies : leurs vitesses de fuite par rapport à la Voie lactée, une récession qui est une conséquence directe de l'expansion cosmique générale. Comme Hubble fut le premier à le montrer, l'expansion de l'univers fait que les objets distants s'éloignent de nous plus vite que les objets proches. Par conséquent, en mesurant la vitesse de fuite d'une galaxie (encore une tâche facile), on peut en déduire sa distance.

Si ces deux méthodes éprouvées vous donnent des résultats différents pour le même objet, c'est qu'il y a quelque chose qui ne va pas. Ou bien les supernovas sont de mauvaises chandelles standards, ou bien notre modèle du rythme de l'expansion cosmique fondé sur les vitesses des galaxies est faux.

Eh bien oui, il y avait quelque chose de faux. Il s'avéra que les supernovas sont d'excellentes chandelles cosmiques dont les propriétés ont résisté au regard scrutateur de bien des chercheurs sceptiques. Et donc les astrophysiciens se retrouvèrent avec un univers qui s'était manifestement étendu plus vite qu'on ne l'avait pensé, ce qui avait repoussé les galaxies plus loin que leur vitesse de récession ne le suggérait. Et il n'y avait pas de façon simple d'expliquer cette expansion supplémentaire sans invoquer lambda, la constante cosmologique d'Einstein.

Tel fut le premier indice qu'une force répulsive imprègne l'univers en s'opposant à la gravité. C'est pourquoi la constante cosmologique fut ressuscitée du jour au lendemain. Lambda était soudain devenue une réalité physique qu'il fallait baptiser. Un nouveau terme fit son apparition, qui exprimait très bien à la fois notre ignorance et son côté mystérieux : « l'énergie sombre ». Perlmutter, Schmidt et Riess reçurent à bon droit le prix Nobel de physique 2011 pour cette découverte. Les mesures les plus précises à l'heure actuelle montrent que l'énergie sombre est le boss du quartier : elle représente 68 pourcents de la masse-énergie de l'univers, tandis que la matière noire n'en représente que 27 pourcents et la matière ordinaire 5 pourcents à peine.

*

La forme de notre univers à quatre dimensions provient des quantités d'énergie et de matière qu'il contient et du rythme de son expansion. Il existe un paramètre mathématique pratique pour résumer tout ça : Ω (oméga), encore une lettre grecque qui tient le cosmos sous sa coupe.

Si vous prenez la densité de matière-énergie de l'univers et que vous la divisez par la densité théorique qui serait nécessaire pour tout juste arrêter l'expansion (ce que l'on appelle la densité « critique »), vous obtenez oméga.

Puisqu'aussi bien la masse que la matière tordent, ou courbent, l'espace-temps, oméga nous renseigne sur la forme du cosmos. Si oméga est inférieur à un, la densité réelle est inférieure à la densité critique et l'univers s'étend éternellement dans toutes les directions. Il adopte alors la forme d'une selle de cheval sur laquelle les lignes initialement parallèles divergent. Si oméga égale un, l'expansion universelle est aussi éternelle, mais elle finit par devenir imperceptible. Dans ce cas, l'espace est plat et toutes les règles de la géométrie classique que nous avons apprises à l'école y sont préservées, en particulier celle qui concerne les lignes parallèles. Si oméga est supérieur à un, les lignes parallèles convergent et l'univers finit par se replier sur lui-même pour retourner à la boule de feu qui lui a donné naissance.

Depuis que Hubble a découvert l'expansion de l'univers, aucune équipe d'observateur n'a jamais mesuré une valeur d'oméga un tant soit peu proche de un. En additionnant toute la matière et l'énergie que leurs télescopes pouvaient voir et même en extrapolant au-delà en incluant la matière noire, les valeurs les plus élevées produites par les meilleures observations culminaient à environ $\Omega = 0{,}3$. Pour les observateurs, les affaires comiques promettaient donc de s'étendre et l'univers était bien en selle, fonçant pour toujours dans la même direction.

Pendant ce temps, à partir de 1979, quelques physiciens dont l'Américain Alan H. Guth de l'Institut de technologie du Massachusetts, commencèrent à proposer un ajustement à la théorie du Big Bang pour résoudre un certain nombre de problèmes qui traînaient encore en rendant la répartition de la matière et de l'énergie aussi uniforme que le constataient les observations. Une des retombées importantes de cette mise à jour du Big Bang était qu'elle poussait oméga vers un. Pas un demi, ni deux, ni un million : simplement un.

Parmi les théoriciens, cela ne posait de problème à personne, vu que cela aidait le Big Bang à rendre compte de toutes les propriétés connues de l'univers. Mais il y avait tout de même un petit souci : cela impliquait trois fois plus de matière-énergie que les observateurs n'en trouvaient. Les théoriciens ne se démontaient pas et disaient aux observateurs qu'ils n'avaient tout simplement pas assez cherché.

Tout compte fait, la matière visible ne pouvait dépasser les 5 pourcents de la densité critique à elle seule. Quid de la mystérieuse matière noire ? On l'ajouta : personne ne savait ce que c'était et on ne le sait toujours pas, mais elle devait certainement contribuer à l'ensemble. On obtenait alors cinq ou six fois plus de matière noire que de matière visible. Mais c'était encore beaucoup trop peu. Les observateurs étaient démunis, et les théoriciens n'arrêtaient pas de leur répéter « continuez à chercher ».

Chaque camp était persuadé que l'autre avait tort… jusqu'à la découverte de l'énergie sombre. Cette seule substance, ajoutée à la matière ordinaire, à l'énergie ordinaire et à la matière noire « ordinaire » suffit à porter la densité de l'univers à sa valeur critique. À la satisfaction commune des observateurs et des théoriciens.

Pour la toute première fois, théoriciens et observateurs se tombaient dans les bras. Chacun à sa manière avait eu raison. Oui, oméga vaut bien un comme le voulaient les théoriciens, même si on en est loin en ajoutant toute la matière – noire ou pas – comme ils l'avaient naïvement supposé. Les observateurs avaient correctement estimé la quantité de matière qui se balade dans l'univers.

Personne n'avait prévu la prédominance de l'énergie sombre, pas plus qu'on imaginait qu'elle pourrait ainsi mettre tout le monde d'accord.

*

Alors, c'est quoi cette chose ? Personne ne le sait. Le plus proche d'une explication dont on dispose consiste à dire que l'énergie sombre est un effet quantique. L'espace vide ne serait pas vide mais bouillonnerait de particules et d'antiparticules. Elles apparaissent et disparaissent par paires – pop-pop-pop ! – trop vite pour qu'on puisse les détecter. On les appelle les « particules virtuelles », ce qui résume bien leur éphémère existence.

L'étonnant héritage de la mécanique quantique – la physique de l'infiniment petit – exige qu'on prenne cette idée au sérieux. Chaque paire de particules virtuelles exerce une toute petite pression vers l'extérieur tandis qu'elle joue des coudes brièvement dans l'espace.

Hélas, quand on estime l'intensité de cette « pression répulsive du vide » engendrée par les courtes vies des particules virtuelles, on trouve un résultat 10^{120} fois plus élevé que la constante cosmologique observée. C'est un facteur absurdement élevé – une conséquence de ce qui est peut-être le calcul le plus embarrassant jamais réalisé, conduisant au pire désaccord entre théorie et expérience dans l'histoire de la science.

Oui, c'est vrai : nous n'avons pas la moindre idée de ce qui se passe. Mais notre ignorance n'est pas aussi pitoyable qu'elle en a l'air. L'énergie sombre n'est pas perdue dans les bois, loin de toute théorie. Elle vit au contraire dans un des foyers les plus sûrs qu'on connaisse : les équations d'Einstein de la relativité générale. C'est la constante cosmologique. C'est lambda. Quelle que soit au final la nature de l'énergie sombre, nous savons déjà comment la mesurer et comment calculer ses effets sur le passé, le présent et le futur de l'univers.

La plus grande gaffe d'Einstein est sans aucun doute d'avoir considéré que la constante cosmologique était sa plus grande gaffe.

*

La chasse est donc ouverte. Maintenant que nous savons que l'énergie sombre existe, des équipes d'astrophysiciens ont entamé d'ambitieux programmes pour mesurer les distances et la croissance des structures de l'univers à l'aide des télescopes terrestres ou spatiaux. Ces observations vont tester en détail l'influence de l'énergie sombre sur l'histoire de l'expansion universelle et vont certainement occuper les théoriciens pendant un moment. Il faut dire qu'ils ont désespérément besoin de se faire pardonner l'exécrable résultat de leur calcul de l'énergie sombre.

Devrons-nous chercher une alternative à la relativité générale ? Le mariage de la RG et de la mécanique quantique nécessite-il un changement de perspective ? Ou bien y a-t-il une théorie de l'énergie sombre attendant d'être découverte par un petit malin encore à naître ?

Une des conséquences remarquables de lambda et de l'accélération de l'expansion, c'est que les forces répulsives proviennent du vide lui-même, pas de quelque matière. Plus l'espace grandit, plus la densité de matière et d'énergie (ordinaire) de l'univers diminue et plus l'influence relative de lambda sur les affaires cosmiques augmente. Plus la pression répulsive grandit, plus l'espace produit de vide. Et plus il y a de vide, plus il engendre de pression répulsive. Ainsi, l'expansion cosmique va obligatoirement continuer à accélérer de façon exponentielle.

Aussi, tout ce qui n'est pas solidement lié par la gravitation au voisinage de la Voie lactée va s'éloigner à une vitesse toujours plus grande, comme conséquence de l'expansion accélérée de la trame de l'espace-temps. Les galaxies lointaines que nous voyons aujourd'hui dans le ciel nocturne disparaîtront un jour au-delà d'un horizon inatteignable, fuyant plus vite que la lumière. Un exploit rendu possible non parce qu'elles voyageront à travers l'espace à de telles vitesses, mais parce que l'espace lui-même les emportera. Aucune loi de la physique ne les en empêchera.

Dans environ mille milliards d'années, une personne vivant dans notre galaxie pourrait totalement ignorer l'existence des autres galaxies. L'univers observable ne contiendra qu'un système de très vieilles étoiles proches, toutes contenues dans la Voie lactée. Et au-delà de cette nuit étoilée s'étendra un vide sans fin, l'obscur visage des profondeurs.

L'énergie sombre, une propriété fondamentale du cosmos, est donc destinée à saper la capacité des générations futures à comprendre l'univers dont elles auront hérité. À moins que les astrophysiciens contemporains des différents coins de la galaxie ne parviennent à entretenir des archives particulièrement longues et à les enterrer dans une extraordinaire capsule temporelle capable de durer un millier de milliards d'années, les scientifiques post-apocalyptiques ne sauront rien des galaxies – la forme principale d'organisation de la matière dans notre cosmos – et se verront refuser l'accès à des pages cruciales du vaste drame qu'est l'univers.

Et voici donc mon pire cauchemar : nous manque-t-il à nous aussi quelque pièce fondamentale d'un univers qui n'existe plus ? Quelle partie du grand livre de l'histoire cosmique nous est-elle interdite d'accès ? Qu'est-ce qui devrait être là, mais manque dans nos théories et nos équations et nous condamne à chercher à tâtons des réponses que nous ne trouverons peut-être jamais ?

CHAPITRE VII

La recette du cosmos

Il faut parfois une connaissance étendue et approfondie de l'univers pour répondre à une question toute bête. En classe de chimie au collège, j'ai demandé un jour à mon professeur d'où venaient les éléments du tableau périodique. De la croûte terrestre, a-t-il répondu. Je lui accorde que c'est certainement de là que les grossistes des labos les tirent. Mais comment se sont-ils retrouvés dans la croûte terrestre ? La réponse doit relever de l'astronomie. Faut-il pour autant connaître l'origine et l'évolution de l'univers tout entier ?

Oui, il le faut.

Seuls trois des éléments que l'on trouve dans la nature ont été forgés au moment du Big Bang. Les autres le furent dans le cœur brûlant d'étoiles explosives qui, en mourant, permirent aux générations suivantes de systèmes stellaires d'absorber cet engrais cosmique et de former des planètes et – dans notre cas – des gens.

Pour la plupart d'entre nous, le tableau périodique des éléments chimiques est une bizarrerie oubliée – un empilement de cases remplies de lettres cryptiques qu'on a vu pour la dernière fois sur les murs d'une classe de lycée. En réalité, c'est un principe organisateur des comportements chimiques de tous les éléments de l'univers, connus ou encore à découvrir. En tant que tel, on devrait le révérer comme une icône culturelle, un témoignage de l'aventure humaine internationale que constitue la science ; une aventure menée dans les laboratoires, les accélérateurs de particules et sur la frontière du cosmos lui-même.

Il faut bien avouer que même un scientifique ne peut s'empêcher de considérer de temps en temps le tableau périodique comme une sorte de zoo où chaque cage contiendrait l'unique exemplaire d'un animal imaginé par un savant fou. Comment croire sinon que le sodium est un métal empoisonné violemment réactif qu'on peut couper avec un couteau à beurre. Que le chlore pur est un gaz odorant et mortel. Mais qu'ensemble ils forment le chlorure de sodium, un composé inoffensif, indispensable à la vie qu'on appelle le sel de table ? Et que dire de l'hydrogène et de l'oxygène. Le premier est un gaz explosif, l'autre provoque des combustions violentes, mais ensemble, ils forment l'eau qui éteint le feu…

Parmi toutes ces chimères de chimie, on trouve des éléments qui jouent un rôle important dans l'univers. C'est l'occasion pour moi de vous présenter le tableau périodique vu à travers les yeux d'un astrophysicien.

*

Avec son unique proton dans le noyau, l'hydrogène est le plus léger et le plus simple des éléments. Il a entièrement été produit au moment du Big Bang. Sur les quatre-vingt-quatorze éléments que l'on trouve dans la nature, l'hydrogène représente à lui seul les deux tiers de tous les atomes dans le corps humain et plus de quatre-vingt-dix pourcents de tous les atomes de l'univers à toutes les échelles, y compris au niveau de notre petit Système solaire.

Dans le cœur de la planète géante Jupiter, l'hydrogène est soumis à de telles pressions qu'il se comporte davantage comme un métal conducteur que comme un gaz : il engendre ainsi le plus intense champ magnétique de toutes les planètes. C'est le chimiste anglais Henri Cavendish qui découvrit l'hydrogène en 1766 au cours de ses expériences sur H_2O (« *hydro-genes* » signifie « qui forme de l'eau » en grec), même s'il est surtout connu chez les astronomes comme étant celui qui calcula le premier la masse de la Terre après avoir mesuré de façon précise la constante gravitationnelle contenue dans la célèbre équation de Newton sur la gravitation universelle.

Tous les jours, à chaque seconde, 4,5 milliards de tonnes de noyaux d'hydrogène véloces sont transformés en énergie lorsqu'ils se percutent pour former de l'hélium dans le cœur chauffé à quinze millions de degrés du Soleil.

*

L'hélium est connu comme un gaz inoffensif que vous pouvez inhaler brièvement, ce qui augmente la fréquence de vibration de votre gorge et de votre larynx et vous fait parler comme Donald. L'hélium est le deuxième élément le plus simple et le plus abondant de l'univers. Même s'il est loin derrière l'hydrogène en termes d'abondance, il y en a quatre fois plus dans l'univers que tous les autres éléments réunis. Un des grands piliers de la théorie du Big Bang est qu'elle prédit que dans n'importe quelle région de l'univers, au moins dix pourcents des atomes sont de l'hélium. Simplement parce qu'ils ont été forgés dans cette proportion partout au sein de la boule de feu primitive que fut la naissance de l'univers. Comme la fusion thermonucléaire de l'hydrogène dans les étoiles donne de l'hélium, certaines régions du cosmos pourraient avoir accumulé plus d'hélium que les dix pourcents du départ. Mais – comme le prévoit la théorie – nous n'avons jamais trouvé dans la galaxie une région qui en contienne moins.

Près de trente ans avant qu'on ne l'identifie et qu'on ne l'isole sur Terre, les astronomes détectèrent l'hélium dans le spectre de la couronne solaire durant l'éclipse totale de 1868. Le nom hélium fut comme il se doit, dérivé d'Hélios, le dieu grec du Soleil. L'hélium présente 92 % de la flottabilité de l'hydrogène, sans en avoir le caractère explosif. C'est donc le gaz de choix pour remplir les personnages gonflables de la grande parade de Thanksgiving de Macy's (ce qui fait de ce grand magasin le second consommateur d'hélium aux États-Unis derrière l'armée).

*

Avec trois protons dans son noyau, le lithium est le troisième élément le plus simple dans l'univers. Comme l'hydrogène et l'hélium, le lithium a été fabriqué au cours du Big Bang, mais contrairement à l'hélium, qui peut être produit dans le cœur des étoiles, le lithium est au contraire détruit par toutes les réactions nucléaires que l'on connaît. Une autre prédiction de la cosmologie du Big Bang est donc que dans une région quelconque de l'univers, il ne peut pas y avoir plus d'un atome sur cent qui soit du lithium. Les limites supérieures et inférieures des abondances en hélium et en lithium constituent une preuve en faveur de la cosmologie du Big Bang très convaincante.

*

Le nombre de molécules différentes qu'on peut réaliser avec l'élément carbone dépasse le nombre de toutes les autres molécules réunies. Étant donné l'abondance du carbone dans le cosmos – il est produit par fusion dans le cœur des étoiles, touillé et amené jusqu'à leur surface avant d'être copieusement déversé dans la galaxie – il n'existe pas de meilleur élément sur lequel fonder la diversité chimique nécessaire à la vie. L'oxygène est à peine plus abondant que le carbone, et lui aussi est communément formé dans le cœur des étoiles. Il est libéré dans les restes de celles qui explosent. Le carbone comme l'oxygène sont des ingrédients majeurs de la vie telle que nous la connaissons.

Mais, et la vie telle que nous ne la connaissons pas ? Le silicium par exemple, se trouve dans la case juste en dessous du carbone, ce qui signifie en principe qu'il devrait pouvoir former exactement le même catalogue de molécules que lui. On s'attend néanmoins à ce que le carbone gagne au final parce qu'il est dix fois plus abondant que le silicium dans le cosmos. Cela n'empêche pas les auteurs de science-fiction d'obliger les exobiologistes à rester en alerte en imaginant des formes de vie vraiment étrangères basées sur le silicium.

En plus de son rôle dans le sel de table, le sodium est aujourd'hui le gaz lumineux le plus abondant dans l'éclairage public à travers tout le pays. Les lampes à vapeur de sodium « brûlent » plus longtemps et plus brillamment que les lampes à incandescence, même si elles seront sûrement bientôt toutes remplacées par des LED, encore plus brillantes pour une puissance donnée et moins chères. Il y a deux sortes de lampes à vapeur de sodium : les haute pression, dont la lumière est d'un blanc-jaune, et les basse pression qui sont orange. Il se trouve que si la pollution lumineuse est toujours mauvaise pour l'astrophysique, les lampes basse pression sont un peu moins mauvaises parce que leur éclat peut facilement être soustrait de la lumière enregistrée par les télescopes. Dans un modèle exemplaire de coopération entre édiles et scientifiques, la ville de Tucson – la grande agglomération la plus proche de l'observatoire de Kitt Peak – a décidé de faire passer tout son éclairage public aux lampes à vapeur de sodium basse pression.

*

L'aluminium représente près de dix pourcents de la croûte terrestre et pourtant, il était inconnu des anciens et il était peu familier pour nos grands-parents. L'élément ne fut isolé et identifié qu'en 1827 et il ne devint d'usage courant qu'à partie des années 1960, quand les canettes et les feuilles d'acier ou d'étain furent remplacées par des canettes et du papier aluminium (je parie que nombre d'anciens dans votre entourage continuent de parler de « fer-blanc », c'est-à-dire d'acier doux recouvert d'étain). L'aluminium poli constitue un réflecteur presque parfait pour la lumière visible. C'est désormais le revêtement principal de tous les miroirs de télescope modernes.

Le titane est 1,7 fois plus dense que l'aluminium, mais il est plus de deux fois plus résistant. Le titane, le neuvième élément le plus abondant dans la croûte terrestre, est donc devenu le chouchou des ingénieurs pour de nombreuses applications, comme les composants d'avions militaires et les prothèses, dont les usages nécessitent des métaux à la fois solides et légers.

Dans la plupart des coins du cosmos, le nombre d'atomes d'oxygène excède celui des atomes de carbone. Une fois que tous les atomes de carbone se sont accrochés aux atomes d'oxygène disponibles (en formant au passage du monoxyde et du dioxyde de carbone), les atomes d'oxygène restants se rabattent sur d'autres choses, notamment le titane. Le spectre des étoiles rouges est marqué de raies engendrées par l'oxyde de titane, un composé que connaissent bien les étoiles… du septième art, puisque les saphirs et les rubis doivent leurs scintillants astérismes aux impuretés d'oxyde de titane enfermé dans leur réseau cristallin. De surcroît, la peinture blanche des dômes de télescope contient de l'oxyde de titane qui se trouve être hautement réfléchissant dans la partie infrarouge du spectre. Cela contribue beaucoup à réduire la chaleur accumulée dans la journée par l'air qui entoure l'instrument. À la tombée de la nuit, lorsqu'on ouvre le dôme, la température de l'air près du télescope s'équilibre rapidement avec celle de l'air nocturne, ce qui permet à la lumière des étoiles et des autres objets cosmiques de nous parvenir claire et nette. Et même si le titane n'a pas été nommé d'après un objet astronomique, son nom vient des Titans de la mythologie grecque et Titan est aussi la plus grande lune de Saturne.

*

Le fer est par bien des aspects l'élément le plus important de l'univers. Les étoiles massives fabriquent les éléments dans leurs cœurs les uns après les autres, de l'hélium au carbone, puis à l'oxygène et à l'azote et ainsi de suite tout au long du tableau périodique jusqu'au fer. Son noyau contient vingt-six protons et au moins autant de neutrons. Ce qui rend le fer particulier, c'est qu'il contient moins d'énergie par particule nucléaire que tous les autres éléments. Qu'est-ce que ça veut dire? C'est simple: si vous cassez des atomes de fer en atomes plus petits via la fission nucléaire, il leur faudra absorber de l'énergie. Et si vous agglutinez des atomes de fer via la fusion, ils absorberont aussi de l'énergie. Or, les étoiles se consacrent à produire de l'énergie. Lorsque les étoiles massives se mettent à produire du fer et qu'il commence à s'accumuler dans leur cœur, elles approchent de la mort. Privée d'une source fertile en énergie, l'étoile s'effondre sous son propre poids et rebondit immédiatement en une prodigieuse explosion appelée supernova. Pendant plus d'une semaine elle devient plus brillante qu'un milliard de soleils.

Le gallium est un métal mou dont le point de fusion est si bas – comparable à celui du beurre de cacao – qu'il a toutes les chances de vous fondre dans la main. Mis à part cette expérience de physique amusante, le gallium n'intéresse les astrophysiciens que parce qu'il entre dans la composition du chlorure de gallium, un composé utilisé pour détecter les neutrinos émis par le Soleil. L'une de ces expériences consistait à placer un énorme (100 tonnes) réservoir de chlorure de gallium liquide sous terre et à le surveiller pour surprendre la collision entre un neutrino et un noyau de gallium qui se transforme alors en germanium. La rencontre provoque une étincelle de rayons X qui est détectée à chaque fois qu'un noyau est frappé. Le vieux problème des neutrinos solaires – on détectait moins de neutrinos solaires que les modèles de fonctionnement du Soleil ne le prédisaient – a finalement été résolu grâce à de tels « télescopes ».

*

Toutes les formes de l'élément technétium sont radioactives. Vous vous en doutez, on ne le trouve nulle part sur Terre à part dans les accélérateurs de particules où on le fabrique à la demande. Le technétium doit son nom à cette particularité, puisqu'il vient du grec « *technetos* » qui signifie « artificiel ». Pour des raisons encore mal comprises, il y a du technétium dans l'atmosphère d'un groupe bien particulier d'étoiles rouges. Si ce n'était que ça, il n'y aurait pas de quoi s'en émouvoir. Mais il se trouve que la demi-vie du technétium n'est que de deux millions d'années ce qui est beaucoup, beaucoup plus court que l'âge ou l'espérance de vie des étoiles où on le trouve. Autrement dit, ces étoiles ne peuvent pas être nées avec leur lot de technétium, car dans ce cas, il ne leur en resterait plus depuis belle lurette. On ne connaît pas non plus de mécanisme qui pourrait produire du technétium dans le cœur d'une étoile *puis* le faire émerger à sa surface, là où on l'observe. D'où une foule de théories exotiques qui ne font pas encore consensus dans la communauté des astrophysiciens.

*

Avec l'osmium et le platine, l'iridium est un des trois éléments les plus lourds (les plus denses) du tableau – vingt-huit litres d'iridium pèsent autant qu'une Mercedes, ce qui fait de l'iridium un des meilleurs presse-papiers du monde, capable de défier tous les ventilateurs de bureau connus de la science. L'iridium est aussi le plus célèbre des indices trouvés sur une scène de crime. On en trouve une fine couche dans les strates géologiques du monde entier, sur la fameuse limite Crétacé-Paléogène (K-Pg)[1]. Elle date d'il y a 66 millions d'années et ce n'est pas une coïncidence. C'est le moment où tous les animaux terrestres plus grands qu'un bagage à main ont été rayés de la carte, y compris les dinosaures (qu'on ne présente plus). L'iridium est plutôt rare à la surface de la Terre, mais il peut être très commun dans un astéroïde métallique de dix kilomètres qui, en percutant notre planète, se vaporiserait à l'impact en dispersant ses atomes dans le monde entier. Conclusion : quelles que soient vos théories préférées pour exterminer les dinosaures, un astéroïde tueur de la taille de l'Everest devrait se trouver en haut de la liste.

*

Je ne sais pas ce qu'Einstein en aurait pensé, mais un élément inconnu a été découvert le 1er novembre 1952 dans les débris du premier essai de la bombe à hydrogène, sur l'atoll d'Eniwetok dans le Pacifique. On l'appela einsteinium en son honneur. Moi je l'aurais plutôt baptisé armageddium.

De leur côté, dix cases du tableau périodique doivent leur nom à des objets qui gravitent autour du Soleil.

Le phosphore vient du grec et signifie « porteur de lumière » ; c'est l'ancien nom de la planète Vénus lorsqu'elle apparaît à l'aube juste avant le lever du Soleil.

1. Pour les vieux de la vieille, cette couche était autrefois connue sous le nom de limite Crétacé-Tertiaire (K-T).

Le sélénium vient de «*séléné*», la Lune en grec. On l'a nommé ainsi parce que dans les minerais, on le trouvait toujours associé au tellure, qui avait déjà reçu le nom de la Terre (du latin «*tellus*»).

Le 1er janvier 1801, l'astronome italien Giuseppe Piazzi découvrit une nouvelle planète en orbite en plein milieu de l'intervalle bizarrement large qui sépare Mars de Jupiter. La tradition de donner aux planètes des noms de dieux romains fut respectée et l'objet fut appelé Cérès, d'après la déesse des moissons. Cérès est bien sûr aussi la racine du mot «céréale». La nouvelle fit alors suffisamment sensation dans la communauté scientifique pour que le premier élément découvert ensuite soit nommé cérium en son honneur. Deux ans plus tard, une autre planète fut décelée autour du Soleil dans le même intervalle que Cérès. Celle-là reçut le nom de Pallas, la déesse romaine de la sagesse, et comme le cérium auparavant, l'élément qui fut découvert ensuite fut baptisé palladium. Mais cette grande foire aux noms devait prendre fin quelques décennies plus tard. Des douzaines d'objets furent découverts dans la même région orbitale. Une analyse détaillée révéla qu'ils étaient tous beaucoup, beaucoup plus petits que toutes les planètes connues. On venait donc de découvrir un nouveau lotissement dans le Système solaire, peuplé de petits morceaux fripés de roche ou de métal. Cérès et Pallas ne sont pas des planètes. Ce sont des astéroïdes. Ils résident dans la ceinture d'astéroïdes, dont on sait désormais qu'elle abrite des centaines de milliers d'objets – soit passablement plus que le nombre d'éléments dans le tableau périodique.

Le mercure, ce vif-argent qui est liquide à température ambiante, et la planète Mercure, la plus rapide du Système solaire, doivent tous les deux leur nom au véloce messager des dieux romains.

Le thorium vient de Thor, le dieu scandinave baraqué qui lance des éclairs et correspond donc au lanceur d'éclair de la mythologie romaine, Jupiter. Et – par Jupiter! – les images modernes des régions polaires de Jupiter dues au télescope spatial Hubble révèlent d'intenses décharges électriques au milieu de ses couches turbulentes de nuages !

Hélas, Saturne, ma planète préférée[1] n'a donné son nom à aucun élément. Mais Uranus, Neptune et Pluton sont bien représentés. L'uranium fut découvert en 1789 et baptisé en l'honneur de la planète découverte par William Herschel huit ans auparavant. Tous les isotopes de l'uranium sont radioactifs et se désintègrent spontanément en éléments plus légers en libérant de l'énergie. La première bombe atomique utilisée en temps de guerre fonctionnait à l'uranium. Elle fut larguée par les États-Unis et incinéra la ville japonaise d'Hiroshima le 6 août 1945. Avec les quatre-vingt-douze protons de son noyau, l'uranium est souvent décrit comme le plus « grand » de tous les éléments naturels, bien que l'on trouve des traces d'autres éléments plus lourds dans les minerais d'où il est extrait.

Si Uranus méritait qu'on nomme un élément en son honneur, alors Neptune aussi. Contrairement à l'uranium qui fut découvert peu après sa planète, le neptunium ne fut identifié qu'en 1940 dans le cyclotron de Berkeley, quatre-vingt-quatorze ans après la découverte de Neptune par l'astronome allemand Johann Galle, dans une région du ciel prédite par le mathématicien français Urbain Le Verrier sur la base des perturbations de l'orbite d'Uranus. Tout comme Neptune arrive juste derrière Uranus dans le Système solaire, le neptunium se place juste après l'uranium dans le tableau périodique des éléments.

Le cyclotron de Berkeley découvrit de nombreux éléments qu'on ne rencontre pas dans la nature, y compris le plutonium qui suit directement le neptunium dans le tableau. Celui-ci doit son nom à Pluton, découvert en 1930 par Clyde Tombaugh à l'Observatoire Lowell en Arizona. Comme à l'époque de la découverte de

1. En réalité, c'est la Terre ma planète préférée, puis Saturne.

Cérès, 129 ans auparavant, tout le monde était très excité. Pluton était la première planète découverte par un Américain et, faute de meilleures données, on la croyait généralement d'une taille et d'une masse sinon comparables à celles d'Uranus et de Neptune, du moins à celles de la Terre. Mais plus on raffinait les mesures de la taille de Pluton, plus elle rapetissait. Nos estimations de sa taille ne se sont stabilisées que dans les années 1980. Nous savons désormais que ce monde glacé est de loin le plus petit des neufs. Il est carrément plus petit que les six plus grandes lunes du Système solaire. Et comme dans le cas des astéroïdes, des centaines d'autres objets ont été découverts par la suite dans le Système solaire extérieur, dont les orbites sont similaires à celle de Pluton. C'est ce qui l'a fait déchoir de son statut de planète et a révélé l'existence jusque-là ignorée d'un réservoir de petits objets glacés : la ceinture cométaire de Kuiper, à laquelle Pluton appartient. De ce point de vue, on pourrait dire que Cérès, Pallas et Pluton se sont incrustés dans le tableau périodique sur la base de prétentions illégitimes.

Du plutonium instable de qualité militaire constituait l'ingrédient actif de la bombe qui explosa au-dessus de la ville japonaise de Nagasaki, trois jours à peine après la bombe à l'uranium d'Hiroshima, précipitant la fin de la Seconde Guerre mondiale. De petites quantités de plutonium de qualité non-militaire peuvent être utilisées pour alimenter les générateurs nucléaires thermoélectriques (RTG en abrégé pour *Radioisotope Thermoelectric Generators*) des engins spatiaux qui voyagent vers le Système solaire extérieur, là où la lumière du Soleil est trop faible pour faire fonctionner des panneaux solaires. Une livre de plutonium produira dix millions de kilowattheures sous forme de chaleur, ce qui suffirait à alimenter une ampoule électrique pendant onze mille ans, ou un être humain tout aussi longtemps si nous marchions au combustible nucléaire au lieu de brûler de la nourriture de supermarché.

*

Ainsi se termine notre voyage cosmique à travers le tableau périodique des éléments chimiques, juste à la frontière du Système solaire et au-delà. Pour des raisons que je ne m'explique pas, beaucoup de gens n'aiment pas les produits chimiques, ce qui explique peut-être la longue tendance actuelle à en débarrasser les aliments. Peut-être que leurs noms à rallonge ont tout simplement l'air dangereux. Mais dans ce cas, c'est la faute des chimistes, pas de la chimie. Personnellement, les produits chimiques ne me dérangent pas, où qu'on les trouve dans l'univers. Mes étoiles préférées aussi bien que certains de mes meilleurs amis en sont faits.

CHAPITRE VIII

De l'importance d'être rond

En dehors des cristaux et des roches brisées, on ne trouve rien de naturellement très anguleux dans le cosmos. Même si beaucoup d'objets ont des formes biscornues, la liste des machins ronds est pratiquement sans fin : elle va des simples bulles de savon aux univers observables tout entiers. L'action de lois physiques toutes simples tend à produire des formes rondes. Cette tendance est tellement universelle que dans nos expériences de pensée nous faisons bien souvent l'hypothèse qu'un objet est sphérique, même si nous savons pertinemment qu'il ne l'est pas du tout, juste pour en tirer quelques enseignements élémentaires. Pour faire court, si vous ne comprenez pas le cas sphérique, c'est que vous ne comprenez pas la physique de base de l'objet.

Dans la nature, les sphères sont produites par des forces telle que la tension superficielle qui tend à contracter un corps le plus possible dans toutes les directions. C'est la tension superficielle du liquide qui oblige la bulle de savon à comprimer l'air qu'elle enferme de toute part. Une fois formée, elle va envelopper le volume d'air qu'elle contient à l'intérieur de la surface la plus petite possible. Du coup, la bulle sera aussi solide qu'elle peut l'être puisque la pellicule savonneuse n'aura pas besoin d'être étirée au-delà du nécessaire. Un calcul de niveau bac démontre que pour un volume donné, la surface la plus petite est celle de la sphère parfaite. D'ailleurs, on pourrait économiser des milliards de dollars chaque année en matériel d'emballage si tous les containers et tous les paquets de nourriture dans les supermarchés étaient sphériques. Le contenu d'une maxi-boîte familiale de Chocapic entrerait facilement dans un carton sphérique de quelques centimètres de rayon. Hélas, des considérations pratiques nous en empêchent – personne n'a envie de courir dans les allées après des emballages qui roulent en tombant des rayons.

Sur Terre, un des procédés de fabrication des roulements à bille consiste à lâcher une quantité préalablement mesurée de métal fondu du haut d'une haute trémie. Normalement, la goutte ondule jusqu'à adopter la forme d'une sphère, mais elle a besoin d'assez de temps pour se solidifier avant de toucher le sol. Dans les stations spatiales en orbite, là où tout est en impesanteur, vous avez tout votre temps : il suffit de relâcher doucement la quantité précise de métal fondu et d'attendre que les billes refroidissent et se solidifient sous la forme de sphères parfaites. C'est la tension superficielle qui fait tout le travail à votre place.

*

Avec les corps célestes plus importants, ce sont la gravité et l'énergie qui conspirent pour les rendre sphériques. La gravité tasse la matière de toutes parts, même si elle ne gagne pas toujours – les liaisons chimiques au sein des objets solides sont parfois très fortes. Le massif de l'Himalaya a pu ainsi croître à contre-courant de la gravité grâce à la résilience des roches de la croûte terrestre. Mais avant de vous enthousiasmer sur les cimes majestueuses de la Terre, vous devez savoir que la différence de hauteur entre le fond des plus profondes fosses océaniques et le sommet des plus hautes montagnes est de moins d'une vingtaine de kilomètres quand la Terre fait près de treize mille kilomètres de diamètre. Donc, contrairement à ce que voient les minuscules humains qui grouillent à sa surface, la Terre est un objet cosmique remarquablement lisse. Si vous disposiez d'un doigt super-méga-géant et que vous le passiez sur la surface de la planète (avec les océans et tout), elle vous paraîtrait aussi lisse qu'une boule de billard. Les globes terrestres de luxe qui présentent des bosses sur les continents pour indiquer les chaînes de montagnes constituent une exagération grossière de la réalité. C'est la raison pour laquelle, malgré ses montagnes et ses vallées, et aussi malgré le fait qu'elle est légèrement aplatie aux pôles, la Terre vue de l'espace ne se distingue pas d'une sphère parfaite.

De même, les montagnes de la Terre sont plutôt dérisoires comparées à d'autres dans le Système solaire. Olympus Mons, la plus haute montagne sur Mars, fait plus de vingt kilomètres de haut et plus de 600 kilomètres de large à sa base. À côté d'elle, le mont Blanc a l'air d'une taupinière. La recette cosmique pour fabriquer des montagnes est donc simple : plus la pesanteur à la surface d'un objet est faible, plus ses montagnes peuvent être hautes. Le mont Everest est pratiquement aussi élevé qu'une montagne peut l'être sur Terre avant que les couches de roches à sa base ne cèdent à leur propre plasticité sous le poids de l'ensemble. Si un corps céleste solide a une pesanteur en surface assez faible, les liaisons chimiques au sein de ses roches résisteront à son poids. Lorsque c'est le cas, presque toutes les formes deviennent possibles. Phobos et Déimos, les deux lunes patatoïdes de Mars, constituent deux exemples célèbres de corps célestes non sphériques. Sur Phobos, la plus grande des deux lunes avec ses vingt-et-un kilomètres de long, une personne de soixante-quinze kilos ne pèserait que quarante-quatre grammes.

Dans l'espace, la tension superficielle obligera toujours la moindre goutte de liquide à adopter une forme sphérique. À chaque fois que vous trouvez un objet qui est à la fois solide et petit, si sa forme sphérique paraît trop parfaite, vous pouvez parier qu'il était fondu quand il s'est formé. Si cette goutte a une très grande masse, alors peu importe de quoi elle est faite, la gravité fera en sorte qu'elle forme une sphère.

Dans la galaxie, d'énormes grumeaux de gaz massifs sont susceptibles de s'effondrer pour former des sphères gazeuses quasi parfaites qu'on appelle les étoiles. Mais si une étoile se trouve orbiter trop près d'un autre objet dont la gravité est importante, sa forme sphérique est distordue parce que la matière qui la constitue est aspirée vers l'autre objet. Par « trop près », je veux dire trop près du lobe de Roche de l'objet. Ce nom vient du mathématicien du milieu du dix-neuvième siècle Édouard Roche, qui calcula en détail le champ de gravité au voisinage qu'une étoile double. Le lobe de Roche est une frontière théorique en forme de sablier bulbeux qui enveloppe deux objets en orbite l'un autour de l'autre. Si la matière gazeuse d'un objet franchit cette frontière, alors il tombera inévitablement vers le second objet. C'est souvent ce qui se produit lorsque dans une étoile double, une des deux composantes enfle pour devenir une géante rouge au point de remplir son lobe de Roche. L'étoile géante se déforme et prend la forme clairement non sphérique d'une poire. Qui plus est, une des deux étoiles est parfois un trou noir. Sa localisation est alors rendue visible par le dépeçage de sa compagne stellaire. Le gaz tombe en spirale en franchissant le lobe de Roche de la géante, se trouve chauffé à des températures extrêmes et devient excessivement brillant avant de tomber hors de vue à l'intérieur du trou noir lui-même.

*

Les étoiles de la Voie lactée forment un grand disque circulaire très aplati. Le rapport de son épaisseur à son diamètre est d'environ un pour mille. Ce qui fait de notre galaxie le plus fin et le plus plat des pancakes jamais réalisés – en réalité, ses proportions la rapprochent même plus d'une crêpe. Certes, le disque de la Voie lactée n'est pas une sphère, mais il a probablement commencé comme une sphère. On peut comprendre la platitude de la galaxie en supposant qu'elle fut autrefois une immense boule sphérique de gaz en effondrement qui tournait lentement sur elle-même. À mesure qu'elle s'effondrait, la boule s'est mise à tourner de plus en plus vite, exactement comme les patineurs artistiques tournent sur eux-mêmes plus vite en ramenant leurs bras le long de leur corps. La galaxie s'est naturellement aplatie aux pôles en réponse aux forces centrifuges croissantes qui tendaient à l'éparpiller. Eh oui ! Si nos patineurs artistiques étaient faits de pâte à crêpe, tourner trop vite sur eux-mêmes serait une activité à haut risque.

Les étoiles qui se formèrent au sein du nuage de la Voie lactée avant son effondrement final conservèrent de grandes orbites plongeantes. Le gaz restant, qui se colle facilement à lui-même comme dans la collision en plein ciel de deux guimauves fondantes, se retrouva entassé dans le plan médian où naquirent les générations suivantes d'étoiles, parmi lesquelles le Soleil. La Voie lactée actuelle, qui ne s'effondre ni ne s'étend, est un système gravitationnellement mûr. Les étoiles qui gravitent au-dessus et en dessous du disque peuvent être considérées comme le squelette du nuage sphérique originel.

Cette tendance générale à l'aplatissement des objets en rotation est la raison pour laquelle le diamètre de la Terre est plus petit entre les pôles que son diamètre à l'équateur. Pas de beaucoup : trois dixièmes de pourcent, soit environ quarante-deux kilomètres seulement. Mais la Terre est petite, presque entièrement solide et elle ne tourne pas très vite sur elle-même. Elle fait un tour en vingt-quatre heures ce qui signifie que sur Terre tout objet posé à l'équateur ne file qu'à 1 600 kilomètres par heure d'ouest en est. Maintenant, considérez l'énorme planète gazeuse Saturne, qui tourne beaucoup plus vite. Un jour n'y dure que dix heures et demie et son équateur tourne à 35 000 kilomètres heures. Du coup, son diamètre polaire est carrément de dix pourcents inférieur à son diamètre équatorial, un aplatissement décelable même dans un simple télescope amateur. Les sphères aplaties sont généralement qualifiées d'oblates, tandis que les sphères allongées entre les pôles sont qualifiées de prolates. Dans la vie de tous les jours, un hamburger et un hot-dog constituent de bons exemples (quoiqu'extrêmes) de ces deux formes. Je ne sais pas pour vous, mais la planète Saturne me saute à l'esprit à chaque fois que je mords dans un hamburger.

*

Nous utilisons les effets des forces centrifuges sur la matière pour estimer la vitesse de rotation des objets cosmiques les plus extrêmes. Prenez les pulsars. Certains tournent à plus de mille tours par seconde. Nous savons qu'ils ne peuvent pas être faits d'un matériau ordinaire, sans quoi ils s'éparpilleraient dans tous les sens. En fait, si un pulsar tournait sur lui-même à plus de 4 500 tours par seconde, les objets posés sur son équateur fileraient plus vite que la lumière. C'est clair : ce matériau-là n'est pas comme les autres. Pour vous figurer un pulsar, représentez-vous la masse du Soleil compactée à l'intérieur d'une boule de la taille de Manhattan. Vous n'y arrivez pas ? Alors, si vous préférez, essayez d'imaginer qu'on entasse environ cent millions d'éléphants à l'intérieur d'un tube de rouge à lèvres. Pour atteindre une telle densité, il vous faut comprimer tout l'espace vide autour du noyau des atomes et dans leur nuage d'électrons. Ce faisant, vous allez écraser presque tous les électrons (de charge négative) sur presque tous les protons (de charge positive) et créer une pelote de neutrons (sans charge du tout) dotée d'une pesanteur complètement folle. À la surface d'une telle étoile à neutrons, il suffirait qu'une montagne dépasse l'épaisseur d'une feuille de papier pour qu'y grimper vous coûte autant de calories qu'il en faudrait pour vaincre une falaise de cinq mille kilomètres sur Terre. Pour faire court, là où la gravité est forte, les hautes terres tendent à s'effondrer et à remplir les vallées – un phénomène qui aurait presque des allures bibliques tant il aplanit le chemin du Seigneur : « Que toute vallée soit relevée, toute montagne et toute colline abaissée ; que la hauteur devienne une plaine, et les roches escarpées un vallon » (Isaïe, chapitre 40, verset 4). En voilà une bonne recette pour faire une sphère ! Pour toutes ces raisons nous nous attendons à ce que les pulsars comptent parmi les sphères les plus parfaitement formées de l'univers.

*

La forme générale des amas denses de galaxies est riche d'enseignements. Certains sont biscornus. D'autres sont étirés en fins filaments. D'autres encore forment d'immenses feuillets. Aucun de ceux-là n'a encore atteint la forme sphérique gravitationnellement stable. Certains sont si étendus que les quatorze milliards d'années écoulées depuis le début de l'univers ne sont pas suffisantes pour qu'une galaxie située à l'intérieur ait eu le temps de les traverser. Nous en concluons que si l'amas a cette forme, c'est que les interactions gravitationnelles entre ses galaxies constituantes n'ont pas encore eu le temps d'influer sur sa forme.

Mais d'autres systèmes, comme le magnifique amas de Coma que nous avons rencontré au chapitre IV sur la matière noire, ont une forme en boule qui révèle immédiatement l'action de la gravité. Dans ce cas, vous pouvez trouver à l'intérieur de l'amas des galaxies qui se déplacent dans toutes les directions. À chaque fois qu'un amas possède cette propriété, vous pouvez aussi parier que sa rotation sur lui-même ne doit pas être très élevée, sans quoi on observerait un certain aplatissement, comme c'est le cas au sein de notre Voie lactée. L'amas de Coma, là encore comme notre Voie lactée, est gravitationnellement mûr. Dans le jargon des astrophysiciens, de tels systèmes sont dits « relaxés », ce qui a tout un tas d'implications. En particulier, il se trouve alors que la moyenne des vitesses des galaxies dans l'amas est un excellent indicateur de sa masse totale, même si la masse combinée des objets utilisés pour calculer cette moyenne est très loin d'approcher cette masse totale. C'est la raison pour laquelle les systèmes gravitationnellement relaxés sont très utiles pour rechercher la matière noire. Permettez-moi de le dire ici : sans les systèmes relaxés, l'omniprésence de la matière noire n'aurait toujours pas été découverte.

*

La sphère de toutes les sphères – la plus grande et la plus parfaite de toutes – n'est autre que l'univers observable dans son entier. Dans quelque direction que notre regard porte, les galaxies nous fuient à une vitesse proportionnelle à leur distance. Comme on l'a vu dans les premiers chapitres, c'est la preuve de l'expansion cosmique découverte par Edwin Hubble en 1929. Lorsque vous combinez ensemble la relativité d'Einstein et la vitesse de la lumière et l'expansion universelle et la dilution dans l'espace de la masse et de l'énergie qu'elle provoque, vous trouvez qu'il y a une distance au-delà de laquelle la vitesse de fuite des galaxies égale celle de la lumière. La lumière des objets situés à cette distance et au-delà perd toute son énergie avant de nous atteindre. Derrière cette frontière sphérique, l'univers est invisible et, autant que nous le sachions, à jamais caché.

Il existe une version du concept de multivers, si à la mode de nos jours, selon laquelle les différents univers qui le composent ne sont pas tant disjoints et parallèles qu'isolés les uns des autres dans l'espace. Au point de ne plus pouvoir interagir. Un peu comme des navires sur la mer, assez éloignés pour que les cercles de leurs horizons ne se coupent pas : même si tous partagent le même plan d'eau, faute d'autres données, chaque navire est pour autant qu'il le sache seul sur l'océan.

*

Les sphères sont des outils théoriques véritablement fertiles. Elles nous aident à étudier toutes sortes de problèmes astrophysiques. Mais il ne faut pas pour autant devenir un intégriste de la sphère. Cela me rappelle une blague à moitié sérieuse sur l'accroissement de la production de lait dans une ferme. L'agronome spécialiste de l'élevage pourrait dire : « Essayez de voir du côté du régime alimentaire des vaches ». L'ingénieur : « Étudions la conception des machines à traire ». Mais seul un astrophysicien déclarerait : « Soit une vache sphérique… »

CHAPITRE IX

La lumière invisible

« Accueille-le donc comme un hôte étranger.
Il y plus de choses dans les cieux et sur la Terre,
Horatio,
Qu'on n'en rêve dans ta philosophie. »

Hamlet, acte I, scène V.

Avant 1800, le mot « lumière » ne désignait rien d'autre que la lumière visible. Mais au début de cette année-là, l'astronome anglais William Herschel observa un effet d'échauffement qui semblait causé que par une forme de lumière invisible pour l'œil humain. Herschel était déjà un observateur accompli. Il avait découvert la planète Uranus en 1781 et il étudiait désormais les relations entre la lumière du Soleil, la couleur et la chaleur. Il commença par placer un prisme sur le chemin d'un rayon de Soleil. Jusque-là, rien de nouveau. Newton l'avait déjà fait dans les années 1660, ce qui l'avait conduit à nommer les sept couleurs familières du spectre visible : rouge, orange, jaune, vert, bleu, indigo et violet. (Une liste dont l'acronyme forme, pour les anglophones, le nom imaginaire d'un certain Roy G. Biv). Mais Herschel était assez curieux pour se demander : quelle est la température de chaque couleur ? Il plaça donc des thermomètres dans les différentes parties de l'arc-en-ciel et constata, comme il s'y attendait, que chacun marquait une température distincte[1].

Les expériences bien pensées nécessitent un « témoin » – une mesure faite dans des conditions où on s'attend à ne rien trouver, un peu comme lorsqu'on cherche ses clefs dans les endroits les plus absurdes, juste pour être sûr. Par exemple, si vous voulez connaître l'effet de la bière sur un plant de tulipes, vous devez en faire pousser un autre auquel vous ne donnez que de l'eau. Si les deux plantes meurent, c'est vous qui les avez tuées, n'accusez pas l'alcool ! C'est à ça que sert un échantillon témoin. Herschel était parfaitement au courant et déposa donc un thermomètre en dehors du spectre, juste à côté du rouge. Il s'attendait à ce qu'il indique une température identique à celle de la pièce tout au long de l'expérience. Mais ce n'est pas ce qui arriva. La température de ce thermomètre de contrôle grimpa même au-delà de celle du rouge.

Herschel écrivit :

« [Je] conclus que le rouge complet est encore en dessous de la chaleur maximale qui, peut-être, réside un peu au-delà de la réfraction visible. Si tel est le cas, la chaleur radiante serait en partie, sinon principalement, constituée – si on me permet l'expression – d'une lumière invisible, c'est-à-dire de rayons provenant du Soleil dont l'impulsion est telle qu'ils sont impropres à la vision. »[2]

M#%rde alors !

1. Ce n'est qu'au milieu des années 1800, lorsque le spectromètre du physicien fut appliqué à des problèmes astronomiques, que l'astronome devint astrophysicien. Le prestigieux *Astrophysical Journal* fut fondé en 1895 avec le sous-titre « Revue internationale de spectroscopie et de physique astronomique ».

2. William Herschel, « Experiments on Solar and on the Terrestrial Rays that Occasion Heat », *Philosophical Transactions of the Royal Astronomical Society*, 1800, 17.

Herschel venait de découvrir par inadvertance une lumière « infra » rouge, une toute nouvelle région du spectre située juste « sous » le rouge, comme il le rapporta en 1800 dans le premier de ses quatre articles sur le sujet.

Les révélations de Herschel étaient l'équivalent pour les astronomes des « moult très petits animalcules vivants, qui se mouvoient fort joliment »[1] qu'Antoni van Leeuwenhoek avait observé dans une minuscule goutte d'eau. Leeuwenhoek avait découvert les organismes unicellulaires – tout un univers à explorer pour la biologie. Herschel avait découvert une nouvelle sorte de lumière. Et les deux choses se trouvaient là, juste sous notre nez.

Immédiatement après, d'autres chercheurs poursuivirent les travaux de Herschel. En 1801, le physicien et pharmacien allemand Johann Wilhelm Ritter trouva une autre couleur de lumière invisible. Au lieu d'un thermomètre, Ritter avait placé un petit tas de chlorure d'argent photosensible dans chaque couleur visible ainsi que dans la partie sombre située à côté du violet dans le spectre. Vous vous en doutez, le tas qui n'était pas éclairé noircit encore plus que celui qui se trouvait dans le violet. Qu'est-ce qu'il y a au-delà du violet ? « L'ultra » violet, plus connu aujourd'hui sous le nom d'UV.

Le spectre électromagnétique complet s'égrène, des fréquences et des énergies les plus basses vers les fréquences et les énergies les plus élevées, de la façon suivante : les ondes radios, les micro-ondes, les infrarouges, Roy G. Biv, les ultraviolets, les rayons X et les rayons gamma. La civilisation moderne a astucieusement tiré parti de chacune de ces bandes du spectre dans une foule d'applications quotidiennes ou industrielles, ce qui nous les rend désormais familières.

1. Antoni van Leeuwenhoek, lettre à la Royal Society de Londres, 10 octobre 1676.

*

Après la découverte des UV et des IR, l'observation du ciel ne changea pas du jour au lendemain. Il fallut attendre 130 ans pour que soient construits les premiers télescopes spécialement conçus pour détecter les portions invisibles du spectre électromagnétique. Cela vint après la découverte des ondes radio, des rayons X et des rayons gamma, et bien après que le physicien allemand Heinrich Hertz eut montré que la seule différence entre ces sortes de lumière, c'est la fréquence des ondes qui les constituent. Pour faire simple : on peut remercier Hertz d'avoir compris qu'il y avait un spectre électromagnétique. En son honneur, l'unité de fréquence – le nombre de vague qui passe à chaque seconde – de tout ce qui vibre, y compris le son, a été à juste titre nommée le hertz.

Bizarrement, les astrophysiciens furent assez lents à faire le lien entre ces nouvelles bandes invisibles de la lumière et l'idée de construire des télescopes pour voir celles qu'émettaient les corps célestes. Le retard de la technologie des détecteurs a sûrement quelque chose à y voir. Mais il faut aussi incriminer une certaine forme de prétention : comment l'univers pourrait-il nous envoyer de la lumière que nos si merveilleux yeux ne peuvent pas voir ? Pendant plus de trois siècles – de l'époque de Galilée à celle d'Edwin Hubble – construire un télescope ne pouvait signifier qu'une chose : fabriquer un instrument pour capter la lumière visible et ainsi amplifier le sens de la vue que la nature nous avait donné.

Un télescope est simplement un outil qui augmente nos faibles sens pour nous permettre de mieux comprendre les régions lointaines de l'univers. Plus le télescope est grand, plus il vous permet de voir des objets faibles ; plus précise est la taille et le façonnage de ses miroirs, plus nettes sont les images qu'il produit ; plus ses détecteurs sont sensibles et plus efficaces sont les observations.

Mais dans tous les cas, chaque parcelle d'information offerte à l'astrophysicien par son télescope est arrivée jusqu'à la Terre dans un rayon de lumière.

Les évènements célestes, cependant, ne se limitent pas à ce qui convient à la rétine humaine. Au contraire, en général ils produisent différentes quantités de lumière en même temps dans différentes bandes d'émission. Par conséquent si leurs télescopes et leurs détecteurs n'avaient pas été réglés pour couvrir l'ensemble du spectre, les astrophysiciens seraient restés béatement ignorants de tous les trucs les plus ébouriffants de l'univers.

Prenez une explosion d'étoile, comme une supernova par exemple. C'est un événement cosmique courant et copieusement énergétique qui engendre de prodigieuses quantités de rayons X. Parfois des sursauts de rayons gamma et des flashs d'ultraviolets accompagnent l'explosion qui n'est par ailleurs jamais à court de lumière visible non plus. Longtemps après que les gaz de l'explosion se sont refroidis, que les ondes de choc se sont dissipées et que la lumière visible s'est éteinte, les « restes » de la supernova continuent à briller dans l'infrarouge et émettent des pulsations radio. C'est de là que viennent les pulsars, les horloges les plus fiables de l'univers.

La plupart des explosions stellaires ont lieu au sein de galaxies lointaines, mais si une étoile devait exploser à l'intérieur de la Voie lactée, les affres de son agonie seraient visibles de tout le monde, même sans télescope. Personne sur Terre n'a vu les rayons X et gamma invisibles émis par les deux dernières supernovas qui ont eu lieu dans notre galaxie – celle de 1572 et celle de 1604 – mais leur extraordinaire lumière visible fut remarquée partout. L'ordre de grandeur des longueurs d'ondes (ou des fréquences) qui compose chaque bande du spectre détermine en grande partie l'équipement utilisé pour la détecter. C'est pourquoi il n'existe aucun couple de télescope et de détecteur capable à lui seul de voir en même temps tous les aspects de ces explosions. Il est cependant facile de contourner le problème : rassemblez toutes les observations de votre objet, y compris celles qui ont été réalisées par vos collègues dans des domaines différents de longueurs d'onde. Puis assignez une couleur visible à chaque partie invisible du spectre digne d'intérêt pour créer une seule méta image multispectrale. C'est exactement ainsi que voit le personnage de Geordi dans la série télévisée *Star Trek : The Next Generation*. Avec une vue aussi performante, vous êtes sûr de ne rien rater.

Il faut d'abord choisir le domaine du spectre qui a votre préférence astronomique avant de réfléchir au diamètre de votre miroir, au matériau dans lequel le tailler, à la forme et au polissage qu'il devra avoir et au genre de détecteur dont vous aurez besoin. Les longueurs d'ondes des rayons X, par exemple, sont extrêmement courtes. Donc lorsque vous les collectez, vous avez intérêt à ce que votre miroir soit hyperlisse sinon ses imperfections de surface vont déformer les images. Mais si vous captez des ondes radios, un grillage de cage à poules tordu à la main ferait un miroir tout à fait convenable parce que ses irrégularités seront de toute façon beaucoup plus petites que la longueur d'onde du rayonnement que vous recherchez. Évidemment, vous voulez aussi obtenir autant de détails que possible – c'est-à-dire une grande résolution – et pour cela vos miroirs doivent être aussi grands que vous pouvez vous le permettre. Au final, votre télescope doit être beaucoup, beaucoup plus étendu que la longueur d'onde de la lumière que vous voulez détecter. Cette nécessité n'est nulle part aussi évidente que dans la construction des radiotélescopes.

*

Les radiotélescopes, les plus anciens instruments destinés à la lumière invisible, constituent une sous-espèce fascinante d'observatoires. L'ingénieur américain Karl G. Jansky construisit le premier radiotélescope fonctionnel entre 1929 et 1930. Il ressemblait un peu à un système d'arrosage dans une ferme automatisée. Une série de hautes structures métalliques rectangulaires portées par des supports croisés et un parquet en bois tournait sur elle-même comme un carrousel de manège sur des roues fabriquées avec les pièces détachées d'une vieille Ford modèle T. La machine de Jansky faisait trente mètres de long et il l'avait réglée sur une longueur d'onde d'environ quinze mètres, ce qui correspond à une fréquence de 20,5 mégahertz[1]. L'employeur de Jansky, les Laboratoires Bell, lui avait confié la mission d'étudier tous les chuintements radio provenant de sources terrestres qui pourraient parasiter les communications. Cela ressemble beaucoup à la tâche que les mêmes Laboratoires Bell ont assignée à Penzias et Wilson trente ans plus tard : explorer le bruit micro-onde de leur récepteur, comme on l'a vu au chapitre III, ce qui conduisit à la découverte du fond diffus micro-onde.

Au bout de deux ans passés à traquer péniblement et à chronométrer chaque crachotement capté par l'antenne qu'il avait bricolée, Jansky avait découvert que les ondes radios ne sont pas émises uniquement par des orages locaux ou par d'autres sources terrestres connues, mais aussi par le centre de notre galaxie, la Voie lactée. Cette région du ciel traversait le champ de vision du télescope toutes les vingt-trois heures et cinquante-six minutes : exactement la période de rotation de la Terre dans l'espace, c'est-à-dire exactement le temps nécessaire pour ramener le centre de la galaxie à la même hauteur et au même azimut du ciel. Karl Jansky

1. Toutes les ondes obéissent à l'équation élémentaire : célérité = fréquence x longueur d'onde. Pour une vitesse constante, si vous augmentez la longueur d'onde, l'onde elle-même voit sa fréquence diminuer et réciproquement, de sorte qu'en multipliant les deux quantités vous retrouvez toujours la même vitesse, celle de l'onde. Ça marche pour la lumière, le son, et même les supporters qui font la *ola* dans un stade, tout ce qui se propage comme une onde.

publia ses résultats sous le titre « Des perturbations électriques apparemment d'origine extraterrestre »[1].

Avec cette observation, la radioastronomie commençait, mais sans Jansky. Les Laboratoires Bell l'avaient affecté ailleurs, ce qui l'empêcha de récolter les fruits de sa découverte fondatrice. Quelques années plus tard, un Américain débrouillard et plein d'initiative du nom de Grote Reber, résidant à Wheaton dans l'Illinois, construisit une parabole métallique de 30 mètres de diamètre dans son jardin. En 1938, alors qu'il ne travaillait pour personne, Reber confirma la découverte de Jansky et passa les cinq années suivantes à produire une carte à basse résolution du ciel radio.

Son télescope, bien qu'il fût sans précédent à l'époque, était rustique et petit selon les critères actuels. Les radiotélescopes modernes sont une autre paire de manches. Ils ne sont pas limités par la clôture du jardin et peuvent atteindre des tailles gargantuesques. Le MK1, opérationnel depuis 1957, est le premier radiotélescope vraiment géant du monde – une unique parabole orientable de soixante-seize mètres de diamètre en acier massif située à l'observatoire de Jodrell Bank près de Manchester en Angleterre. Deux mois après la mise en service du MK1, l'Union soviétique lança Spoutnik 1 et l'antenne de Jodrell Bank devint soudainement l'équipement privilégié pour suivre à la trace ce morceau de métal en orbite – ce qui en fit le précurseur de l'actuel réseau Deep Space dont on se sert pour suivre les sondes spatiales.

Le plus grand radiotélescope du monde est le radiotélescope sphérique de cinq cents mètres d'ouverture (FAST, en anglais). Achevé en 2016, il a été construit en Chine dans la province de Guizhou. Sa surface est plus grande que 30 terrains de football. Si jamais les extraterrestres nous contactent, les Chinois seront les premiers au courant.

1. Karl Jansky, « Electrical Disturbances Apparently of Extraterrestrial Origin », *Proceedings of the Institute for Radio Engineers* 21, no. 10 (1933) : 1387.

*

Les interféromètres forment une autre variété de radiotélescopes. Ils sont constitués de réseaux d'antennes paraboliques toutes identiques réparties sur de vastes étendues et reliées électroniquement de façon à travailler de conserve. Il en résulte une image radio unique cohérente et à très grande résolution. Même si « grossissez-moi ! » était la devise non écrite des télescopes longtemps avant que l'industrie du fast-food ne l'invente[1], les interféromètres radio constituent une classe à part d'instruments géants. L'un d'eux, un très grand réseau d'antennes radio situé près de Socorro au Nouveau Mexique, s'appelle officiellement « le Très Grand Réseau » (en anglais *Very large array*). Il est constitué de vingt-sept antennes de vingt-cinq mètres de diamètre pointant toutes dans la même direction et réparties sur trente-cinq kilomètres de plaine désertique. Cet observatoire est si astronomiquement photogénique qu'il figure dans les décors de *2010 : L'Année du premier contact* (1984), *Contact* (1997) et *Transformers* (2007). Il y a aussi le réseau à très longue base de ligne (*Very Long Baseline Array*) avec ses dix antennes de vingt-cinq mètres de diamètre réparties sur 8 000 kilomètres entre Hawaii et les îles Vierges et qui détient le record de résolution parmi tous les radiotélescopes du monde.

Dans le domaine des micro-ondes, la technique de l'interférométrie est assez neuve. Mais on dispose déjà du Grand réseau millimétrique de l'Atacama (*Atacama Large Millimeter Array*, ou ALMA) avec ses soixante-six antennes installées dans les lointaines montagnes de la cordillère des Andes, au nord du Chili. L'ALMA est réglé sur des longueurs d'onde comprises entre quelques fractions de millimètre et quelques centimètres et nous

1. *Super Size Me*, ou « grossissez-moi » en français, est le titre d'un documentaire américain de 2004 réalisé par Morgan Spurlock dénonçant les effets de la nourriture des fast-foods, notamment l'obésité. (Note du traducteur).

fournit des images à haute résolution de phénomènes cosmiques invisibles autrement : la structure des nuages de gaz en effondrement au moment où ils deviennent des pouponnières de nouvelles étoiles, par exemple. ALMA a été installé exprès dans une des régions les plus arides de la Terre – presque cinq mille mètres au-dessus du niveau de la mer et bien au-dessus des nuages les plus humides. L'eau convient très bien à la cuisson au micro-ondes, mais pas à l'astrophysique, parce que la vapeur d'eau dans l'atmosphère terrestre mange les fragiles signaux micro-ondes qui nous viennent de toute la galaxie et même d'au-delà. Il y a bien sûr un lien entre ces deux phénomènes : l'eau est l'ingrédient le plus commun dans la nourriture, et les fours à micro-ondes chauffent principalement l'eau. Ces deux faits réunis vous indiquent clairement que les molécules d'eau absorbent les fréquences micro-ondes. Par conséquent, si vous voulez observer proprement les objets célestes, vous devez réduire au minimum la quantité de vapeur d'eau entre votre télescope et le reste de l'univers. Et c'est ce qu'ALMA a fait.

*

À l'autre extrémité du spectre électromagnétique, là où les longueurs d'ondes sont ultracourtes (de l'ordre du picomètre[1]) et les fréquences hyperélevées, vous trouvez les très énergétiques rayons gamma. Ils furent découverts en 1900, mais on n'en détecta en provenance du ciel que lorsque la NASA installa un nouveau type de télescope à bord du satellite *Explorer 11* en 1961.

Chacun de nous sait pertinemment, pour regarder trop de films de science-fiction, que les rayons gamma sont mauvais pour la santé. Ils vous rendent tout vert et bodybuildé ou vous font cracher des toiles d'araignée par les poignets. Mais sachez-le, ils

1. Un picomètre vaut un millième de milliardième de mètre.

sont aussi difficiles à piéger. Ils traversent comme qui rigole les lentilles et les miroirs ordinaires. Comment peut-on les observer alors ? Dans les entrailles d'*Explorer 11* se trouvait un instrument nommé scintillateur qui répond à l'arrivée de rayons gamma en expulsant des particules électriquement chargées. Si vous mesurez l'énergie desdites particules, vous pouvez en déduire le genre de lumière hautement énergétique qui les a créées.

Deux ans plus tard, l'Union soviétique, le Royaume uni et les États-Unis signèrent un traité d'interdiction partielle des essais nucléaires qui prohibait les tests d'armes nucléaires sous l'eau, dans l'atmosphère et dans l'espace – autant d'endroits où les retombées risquaient de contaminer des territoires à l'extérieur des limites de votre pays. Mais c'était alors la Guerre froide, une époque à laquelle personne ne croyait personne au sujet de quoi que ce soit. En vertu du principe militaire « faites confiance, mais vérifiez », les États-Unis déployèrent une nouvelle série de satellites, les *Velas*, chargés de détecter tout sursaut de rayons gamma pouvant être produits par les tests nucléaires soviétiques. Et dans les faits, les satellites détectèrent des sursauts gamma pratiquement chaque jour. Mais ce n'était pas la faute de la Russie. Ces sursauts provenaient de l'espace profond et on montra plus tard qu'ils signalaient de lointaines explosions stellaires titanesques et intermittentes réparties à travers l'univers. C'était le début de l'astronomie gamma, une branche relativement nouvelle dans mon domaine.

En 1994, l'Observatoire gamma Compton lancé par la NASA détecta quelque chose d'aussi inattendu que la découverte des *Velas* : de récurrents flashs de rayons gamma tout près de la surface de la Terre. Comme il se doit on les baptisa « flash gamma terrestres ». Des apocalypses nucléaires ? Évidemment non, puisque vous êtes là pour lire ces lignes. Toutes les rafales de rayons gamma ne sont pas également mortelles, pas plus qu'elles ne sont toutes d'origine cosmique. Dans le cas qui nous occupe, une cinquantaine au moins de flashs de ce type sont émis au sommet des nuages d'orage une fraction de seconde avant que la foudre ne frappe. Leur origine est encore passablement mystérieuse. La meilleure explication affirme que dans une tempête électrique, les électrons libres sont accélérés à des vitesses proches de celle de la lumière avant de percuter le noyau des atomes des molécules de l'air, engendrant ainsi des rayons gamma.

*

De nos jours, les télescopes opèrent dans tous les domaines invisibles du spectre, pour certains depuis le sol, mais la plupart depuis l'espace, là où la vision de l'instrument n'est pas perturbée par l'atmosphère terrestre. Nous pouvons désormais observer des phénomènes qui produisent aussi bien des ondes radios basse fréquence dont les crêtes successives sont séparées d'une douzaine de mètres que des rayons gamma haute fréquence dont la longueur d'onde ne dépasse pas un millionième de milliardième de centimètre. Cette riche palette de lumière est source de découvertes astrophysiques sans fin. Vous voulez savoir combien il y a de gaz qui rode entre les étoiles dans les galaxies ? Les radiotélescopes font ça très bien. On ne saurait rien du fond diffus micro-onde, et donc on ne comprendrait pas vraiment le Big-bang, sans les télescopes micro-ondes. Vous voulez cibler une pouponnière d'étoiles profondément enfouie dans un nuage de gaz galactique ? Allez voir du côté des télescopes infrarouges. Et les émissions produites par le voisinage d'un trou noir ordinaire, voire d'un trou noir géant dans le cœur d'une galaxie ? Pour ça, prenez donc un télescope ultraviolet ou sensible aux rayons X. Vous voulez observer l'explosion d'une étoile géante, quarante fois plus massive que le Soleil ? Vous profiterez du spectacle à travers un télescope sensible aux rayons gamma.

Nous avons beaucoup progressé depuis l'époque où Herschel faisait ses expériences sur des rayons « impropres à la vision ». Cela nous a donné la capacité d'étudier l'univers pour ce qu'il est, plutôt que pour ce qu'il semble être. Herschel aurait été fier. Ce n'est qu'après avoir vu l'invisible que nous parvenons à une véritable vision cosmique : une éblouissante collection d'objets et de phénomènes répartis dans l'espace et dans le temps dont on peut désormais « rêver dans notre philosophie ».

CHAPITRE X

Entre les planètes

Vu de loin, notre Système solaire semble vide. Si vous l'enfermiez dans une sphère assez grande pour contenir l'orbite de sa planète la plus externe, Neptune[1], le volume occupé par le Soleil, toutes les planètes et toutes leurs lunes ne représenterait qu'un millième de milliardième de celui de cette sphère. Mais il n'est pas vide. L'espace entre les planètes est rempli de toutes sortes de gros cailloux, de graviers, de boules de glace, de poussières, de jets de particules chargées et de sondes spatiales balancées dans le lointain. L'espace est également imprégné de champs gravitationnels et magnétiques monstrueux.

L'espace interplanétaire est en fait si peu vide, que la Terre qui fonce à 30 kilomètres par seconde sur son orbite autour du Soleil se fraye un chemin à travers plusieurs centaines de tonnes de météores chaque jour, pour la plupart pas plus gros qu'un grain de sable. La majorité brûle dans la haute atmosphère. Ils percutent l'air si violemment qu'ils sont vaporisés. Notre fragile

1. Non, ce n'est pas Pluton. Il faut vous y faire !

espèce a évolué sous cette couche protectrice. D'autres météores, de la taille d'une balle de golf, frappent tout aussi fort mais moins régulièrement. Ils se brisent souvent en petits morceaux avant d'être vaporisés. Les météores encore plus gros ne sont que légèrement roussis en surface et parviennent jusqu'au sol intacts. On pourrait penser qu'après 4,5 milliards d'années à tourner autour du Soleil, la Terre aurait fini de « faire le ménage » de tous les débris possibles sur son chemin. En réalité, les choses étaient bien pires par le passé. Pendant un demi-milliard d'années après la formation du Soleil et des planètes, il tombait tellement de saletés sur la Terre que la chaleur engendrée par les impacts incessants surchauffait l'atmosphère et empêchait sa croûte de se solidifier. Aucune molécule organique complexe ne pouvait s'y former.

C'est une de ces saletés particulièrement grosse qui est responsable de la formation de la Lune. L'étude des échantillons lunaires rapportés par les astronautes du programme Apollo a montré que le fer et d'autres éléments lourds son étonnamment rares sur la Lune. Cela suggère que notre satellite a probablement été expulsé de la croûte et du manteau terrestres eux-mêmes pauvres en fer lorsqu'une protoplanète errante de la taille de Mars a percuté notre planète sur le côté. Les débris de cette collision se sont agglutinés en orbite pour former notre ravissant et si léger satellite. En dehors de cet événement sensationnel, la Terre a subi pendant son enfance une période de « grand bombardement » qui n'est pas unique parmi les planètes et les autres grands corps célestes du Système solaire. Tous présentent des dommages comparables. En l'absence d'atmosphère et d'érosion, les surfaces de la Lune et de Mercure ont d'ailleurs conservé la plupart des cratères qui marquent cette époque.

Le Système solaire n'est pas seulement encombré par les déchets de sa formation. Dans l'espace interplanétaire proche, on trouve des rochers de toutes tailles expulsés de Mars, de la Lune et de la Terre lorsque leur surface fut secouée par la violence de certains impacts. Des simulations numériques démontrent de façon convaincante que les roches en surface près des zones d'impact météoritiques sont propulsées vers le haut à des vitesses suffisantes pour échapper au lien gravitationnel de leur monde d'origine. Vu le rythme auquel nous dénichons sur Terre des météorites provenant de Mars, nous calculons qu'il doit tomber quelque chose comme mille tonnes de roches martiennes sur notre planète chaque année. Et nous recevons peut-être la même quantité de roches lunaires. Rétrospectivement, nous n'avions donc pas besoin d'aller sur la Lune pour en ramener des échantillons : ils nous arrivent en quantités. Mais nous ne les choisissons pas et on l'ignorait à l'époque du programme Apollo.

*

La plupart des astéroïdes du Système solaire font leur vie dans la ceinture d'astéroïdes, une région à peu près plane située entre les orbites de Mars et Jupiter. Traditionnellement, le découvreur d'un astéroïde a le droit de le baptiser comme il veut. La ceinture d'astéroïdes est souvent représentée par les illustrateurs comme un champ encombré de rochers flottants dans le plan du Système solaire, mais sa masse totale représente moins de cinq pourcents de celle de la Lune, qui n'est elle-même qu'à peine un pourcent de celle de la Terre. Ça ne semble pas bien lourd. Cependant, les orbites des astéroïdes subissent des perturbations répetées, ce qui alimente en permanence un sous-ensemble mortel de peut-être quelques milliers d'objets dont les orbites croisent celle de la Terre. Un calcul sur un coin de nappe suggère que la plupart d'entre eux frapperont notre planète au cours des cent prochains millions d'années. Ceux qui dépassent un kilomètre de diamètre frapperont avec tant d'énergie qu'ils déstabiliseront l'écosystème au point de pousser vers l'extinction la plupart des espèces terrestres.

Ça ne sera pas beau à voir.

Les astéroïdes ne sont pas les seuls à menacer la vie sur Terre. La ceinture de Kuiper est une bande de territoire circulaire jonchée de comètes qui commence juste derrière l'orbite de Neptune, contient Pluton, et s'étend peut-être aussi loin de Neptune que Neptune ne l'est elle-même du Soleil. L'astronome américain d'origine hollandaise Gerard Kuiper proposa l'idée qu'au-delà de l'orbite de Neptune, dans la lointaine et froide banlieue du Système solaire, on devait trouver des débris gelés de sa formation. Faute d'une planète massive sur laquelle s'écraser, la plupart de ces comètes pourraient encore rester en orbite autour du Soleil pendant des milliards d'années. Tout comme les astéroïdes, certains objets de la ceinture de Kuiper circulent sur des orbites excentriques qui coupent les orbites des planètes. Pluton et de petits corps apparentés – les plutinos – croisent ainsi la trajectoire de Neptune autour du Soleil. D'autres objets de la ceinture de Kuiper plongent carrément jusqu'au cœur du Système solaire interne et grillent en passant la priorité aux planètes avec désinvolture. Ce sous-ensemble contient la plus célèbre des comètes, la comète de Halley.

Très au-delà de la ceinture de Kuiper, presque à mi-chemin des étoiles les plus proches, se trouve un réservoir sphérique de comètes appelé le nuage d'Oort, du nom de Jan Oort, l'astronome danois qui inféra son existence. C'est de cette région que proviennent les comètes à longue période, celles dont les orbites sont bien plus longues que l'espérance de vie humaine. Contrairement aux comètes de Kuiper, celles d'Oort peuvent tomber dans le Système solaire interne de toutes les directions avec n'importe quel angle. Les deux comètes les plus brillantes des années 1990, Hale-Bopp et Hyakutake, venaient toutes deux du nuage d'Oort et ne reviendront pas avant très longtemps.

*

Si nos yeux voyaient les champs magnétiques, Jupiter apparaîtrait dix fois plus étendu que la pleine lune dans le ciel nocturne. Les sondes spatiales qui visitent Jupiter doivent être conçues spécialement pour ne pas être perturbées par ce puissant champ magnétique. Comme l'a démontré le physicien anglais Michael Faraday dans les années 1820, si vous déplacez un fil métallique dans un champ magnétique, une différence de potentiel apparaît le long du fil. Du coup, des courants électriques peuvent parfois être induits à l'intérieur de sondes spatiales en métal qui se déplacent rapidement. Ces courants induits engendrent à leur tour leurs propres champs magnétiques, qui interagissent avec le champ ambiant et freinent ainsi le mouvement de la sonde.

La dernière fois que j'ai fait le décompte, il y avait cinquante-six lunes en orbite autour des différentes planètes du Système solaire. Et puis un matin au réveil, j'apprends qu'on en a découvert une douzaine d'autres autour de Saturne. Depuis, j'ai décidé d'arrêter de compter les lunes. La seule chose qui m'intéresse désormais, c'est de savoir si certaines d'entre elles seraient amusantes à visiter ou à étudier. Par certains côtés, les lunes du Système solaire sont bien plus fascinantes que les mondes autour desquels elles gravitent.

*

Notre Lune est à peu près 400 fois plus petite que le Soleil, mais aussi 400 fois plus proche, ce qui fait que la Lune et le Soleil ont la même taille apparente dans notre ciel – une coïncidence unique dans le Système solaire à laquelle on doit le spectacle photogénique des éclipses totales de Soleil. L'action des forces de marées de la Terre a également verrouillé la Lune, de sorte que sa période de rotation sur son axe et sa période de révolution autour de la Terre sont désormais identiques. Partout et chaque fois qu'un tel « verrouillage gravitationnel » se produit, la lune verrouillée présente toujours la même face à sa planète mère.

Le système de satellites de Jupiter est peuplé de mondes complètement originaux. Io, la lune la plus proche de la planète géante, est verrouillée et malaxée par les forces de marée exercées par Jupiter et par ses autres lunes. Cela fournit assez de chaleur à ce petit monde pour faire fondre ses roches internes. Du coup, Io est le coin le plus volcanique du Système solaire. Europe, une autre lune de Jupiter contient tellement d'H_2O que le même mécanisme d'échauffement a fait fondre la glace en profondeur pour former un océan d'eau tiède sous la surface gelée. (Un collègue artiste m'a un jour demandé s'il faudrait appeler d'éventuelles formes de vie extraterrestres d'Europe des Européens. L'absence de toute autre réponse plausible m'a forcé à répondre oui.)

La plus grosse lune de Pluton, Charon, est si grande et si proche de la planète que les deux se sont mutuellement verrouillées : leurs périodes de révolution et de rotation sont désormais identiques. Il s'agit d'un « double verrouillage gravitationnel » – ce qui pourrait désigner une prise de catch encore à inventer.

La convention veut qu'on baptise les lunes d'après les personnages liés à la version grecque du dieu romain dont la planète porte le nom. Les dieux de l'Antiquité avaient des vies sociales compliquées aussi n'est-on jamais à cours de personnages parmi lesquels puiser. Les lunes d'Uranus sont la seule exception à cette règle. Leurs noms viennent d'un assortiment de personnages de la littérature britannique. L'astronome anglais William Herschel fut le premier à découvrir une planète au-delà de celles facilement visibles à l'œil nu. Il était tout prêt à la baptiser du nom du roi qu'il servait alors loyalement. Si on avait écouté Sir William, la liste des planètes aurait été : Mercure, Vénus, la Terre, Mars, Jupiter, Saturne et George. Heureusement, des esprits plus avisés veillaient au grain et le nom classique d'Uranus lui fut donné quelques années plus tard. Mais la suggestion de Herschel de donner aux lunes qui ne manqueraient pas d'être découvertes les noms de personnages tirés des pièces de William Shakespeare ou de poèmes d'Alexander Pope a été respectée jusqu'à ce jour. Parmi les vingt-sept lunes d'Uranus se trouvent Ariel, Cordélia, Desdémone, Juliette, Ophélie, Portia, Puck, Umbriel et Miranda.

De la matière quitte la surface du Soleil au rythme affolant de plus d'un million de tonnes par seconde. Ce flux énergétique de particules chargées est ce qu'on appelle le « vent solaire ». Ces particules sont précipitées dans l'espace à près de 1 600 kilomètres par seconde et sont déviées par les champs magnétiques planétaires. Certaines tombent alors en spirale le long des pôles nord et sud magnétiques, illuminant l'atmosphère d'aurores colorées lorsqu'elles forcent leur passage en percutant les molécules de gaz. Le télescope spatial Hubble a détecté de telles aurores polaires sur Saturne et sur Jupiter. Et sur Terre, les aurores boréales et australes (c'est-à-dire du nord et du sud) nous rappellent régulièrement combien il est utile d'avoir une atmosphère pour nous protéger.

On dit souvent de l'atmosphère de la Terre qu'elle s'étend à une centaine de kilomètres au-dessus du sol. Les satellites en orbite « basse » circulent entre 150 et 650 kilomètres d'altitude et font un tour de la Terre en à peu près quatre-vingt-dix minutes. Vous ne pouvez pas respirer à de telles altitudes, mais on y trouve encore des molécules d'air – assez pour lentement saper l'énergie orbitale d'un satellite sans défense. Pour combattre cette résistance, les engins en orbite basse ont donc besoin d'un coup de propulseur de temps en temps, faute de quoi ils tombent et brûlent dans l'atmosphère. Une autre façon de définir la limite de notre atmosphère est de se demander où sa densité devient égale à la densité du gaz interplanétaire. Ainsi définie, l'atmosphère terrestre s'étend sur plusieurs milliers de kilomètres dans l'espace.

Les satellites de télécommunication gravitent largement au-dessus de cette limite à trente-sept mille kilomètres (un dixième de la distance à la Lune). À cette altitude bien particulière, non seulement l'atmosphère terrestre est insignifiante, mais le satellite circule assez lentement pour qu'un tour de la Terre lui prenne vingt-quatre heures. Puisque sa période orbitale correspond exactement à celle de la rotation terrestre, ces satellites paraissent suspendus en permanence au-dessus du même point du sol, ce qui en fait des relais idéaux pour transmettre un signal d'un point du globe à un autre.

*

La loi de la gravitation de Newton affirme clairement que même si la gravité d'une planète est de plus en plus faible à mesure que vous vous en éloignez, elle ne tombe nulle part rigoureusement à zéro. Avec son puissant champ de gravité, Jupiter nous met à l'abri de nombreuses comètes nuisibles qui, sans cela, seraient venues semer le chaos dans le Système solaire interne. Jupiter – ce grand frère costaud – agit comme un bouclier gravitationnel grâce auquel la Terre bénéficie de longues (une centaine de millions d'années) périodes de paix et de tranquillité. Sans la protection de la géante, la vie complexe aurait eu drôlement du mal à devenir un tant soit peu intéressante, puisqu'elle aurait été régulièrement exterminée par des impacts dévastateurs.

Nous avons tiré parti du champ de gravité des planètes pour propulser presque toutes les sondes envoyées dans l'espace. Par exemple, la sonde *Cassini*, qui a survolé Saturne, a bénéficié de l'assistance gravitationnelle de Vénus (deux fois), de la Terre (lorsqu'elle est repassée près de nous) et de Jupiter (une fois). Ces trajectoires qui vont d'une planète à l'autre comme dans un coup de billard à plusieurs bandes sont communes. Sans elles, nos petites sondes ne pourraient pas aller assez vite et n'auraient pas l'énergie nécessaire pour arriver à destination.

J'ai désormais la responsabilité d'une partie des débris interplanétaires qui jonchent le Système solaire. En novembre 2000, l'astéroïde 1994KA, découvert dans la ceinture principale par David Levy et Carolyn Shoemaker, fut baptisé 13123Tyson en mon honneur. J'apprécie cet hommage, mais il n'y a pas de quoi attraper la grosse tête : des tas d'astéroïdes ont des noms familiers comme Jody, Harriet ou Thomas. Il y en a même qui s'appellent Merlin, James Bond et Jean-Luc. Aujourd'hui, le nombre d'astéroïdes connus dépasse les vingt mille et il devient dur de leur trouver des noms. Peut-être un jour n'y arrivera-t-on même plus, mais j'éprouve un étrange réconfort à savoir que mon morceau de débris cosmique personnel n'est pas le seul à joncher l'espace entre les planètes. Un long cortège d'autres morceaux portant les noms de personnages réels ou imaginaires l'accompagne.

Et je me réjouis aussi du fait que, pour le moment, mon astéroïde ne se dirige pas vers la Terre.

CHAPITRE XI

L'exoplanète Terre

Que vous préfériez courir, nager, marcher ou ramper pour vous déplacer, vous bénéficiez d'un point de vue privilégié sur la quantité illimitée de choses intéressantes sur notre planète. Une veine de calcaire rose dans un canyon, une coccinelle mangeant un puceron sur un pétale de rose, une palourde émergeant du sable. Il vous suffit d'ouvrir les yeux.

À travers le hublot d'un avion de ligne qui décolle, les détails de la surface s'estompent rapidement. Fini les appétissants pucerons. Plus de palourdes curieuses. En atteignant l'altitude de croisière, à environ onze kilomètres, même les principales routes deviennent difficiles à identifier.

Lorsque vous grimpez encore dans l'espace, les détails continuent à s'estomper. Par les hublots de la Station spatiale internationale qui orbite à environ 400 kilomètres d'altitude, vous repérerez peut-être Paris, Londres, New York ou Los Angeles de jour. De nuit, la lueur étendue du décor urbain saute aux yeux. Mais de jour, contrairement à une croyance tenace, vous avez peu de chances de repérer la grande pyramide de Gizeh et vous ne verrez certainement pas la Grande Muraille de Chine. Elles sont camouflées en partie parce qu'elles ont été construites à partir de la terre et des roches tirées du paysage environnant. Et même si la Grande Muraille fait des milliers de kilomètres de long, elle n'est large que d'environ sept mètres – bien moins que les grandes autoroutes qu'on a déjà du mal à distinguer depuis un vol long-courrier.

En orbite, vous auriez vu à l'œil nu les panaches de fumée des champs pétrolifères en feu au Koweït pendant la Guerre du Golfe, en 1991, et l'incendie des tours du World Trade Center le 11 septembre 2001. Vous remarqueriez aussi le passage du vert au brun entre les terres irriguées et les régions arides. En dehors de ça, il n'y a pas grand-chose de la main de l'homme qui soit visible à quelques centaines de kilomètres d'altitude. Il vous reste néanmoins beaucoup de spectacles naturels à observer, comme les ouragans dans le golfe du Mexique, l'écoulement des glaces dans l'Atlantique Nord et les éruptions volcaniques, peu importe où elles se produisent.

De la Lune, à plus d'un tiers de million de kilomètres, New York, Paris et le reste des paillettes urbaines de la Terre ne scintillent même plus. Néanmoins, de votre poste d'observation lunaire, vous voyez encore les principaux fronts météorologiques à travers la planète. De Mars, à vingt-deux millions de kilomètres lorsqu'elle est au plus près de la Terre, vous distingueriez les plus grands massifs montagneux couverts de neige et les contours des continents avec un bon télescope amateur. Mais déplacez-vous jusqu'à Neptune, à deux milliards de kilomètres – le bout de la rue, vraiment, à l'échelle cosmique – et le Soleil lui-même devient mille fois plus faible, il n'occupe plus maintenant qu'un millième de la place qu'il prend dans le ciel de la Terre. Et la Terre elle-même ? C'est un petit point, indiscernable des étoiles les plus faibles, presque complètement noyé dans l'éclat du Soleil.

Une photographie célèbre prise en 1990 par la sonde *Voyager 1* juste au-delà de l'orbite de Neptune montre à quel point la Terre est décevante vue de l'espace profond : « un point bleu pâle », disait l'astrophysicien américain Carl Sagan. Et c'est généreux. Si on ne vous la montrait pas, vous ne la remarqueriez peut-être même pas.

Et si, dans les profondeurs de l'espace, des extraterrestres à gros cerveau scrutaient les cieux de leurs organes visuels forcément superbes, amplifiés par leurs merveilleux accessoires de technologie optique extraterrestre ? Quelles caractéristiques visibles de la Terre repéreraient-ils ?

Sa couleur bleue avant toute chose. L'eau recouvre plus des deux tiers de la surface de la Terre et l'océan Pacifique représente presque un hémisphère à lui tout seul. Toute créature assez compétente et bien équipée pour déceler la couleur de notre planète pourrait certainement en déduire la présence d'eau, la troisième molécule la plus abondante du cosmos.

Si la résolution de leurs instruments était suffisante, les extraterrestres pourraient voir un peu plus qu'un point bleu pâle. Les côtes tarabiscotées suggéreraient fortement que l'eau est liquide. Et des extraterrestres malins sauraient sûrement que si une planète a de l'eau liquide, c'est que sa température et sa pression atmosphérique sont contenues à l'intérieur de certaines limites.

Les calottes polaires caractéristiques de la Terre, qui croissent et se rétractent avec les variations saisonnières de la température, pourraient également être vues en lumière visible. De même que la rotation en vingt-quatre heures de notre planète, parce que des continents reconnaissables apparaîtraient et disparaîtraient à intervalles réguliers prédictibles. Les extraterrestres pourraient aussi observer la formation et la dissipation de certains systèmes météorologiques majeurs. Une étude attentive leur permettrait facilement de distinguer les motifs relevant des nuages dans l'atmosphère de ceux qui sont liés à la surface de la planète elle-même.

Il est temps de revenir un moment à la réalité. L'exoplanète la plus proche – la plus proche planète tournant autour d'une étoile autre que le Soleil – se trouve dans le système stellaire voisin d'Alpha du Centaure, à environ quatre années-lumière, que l'on peut voir surtout depuis l'hémisphère sud. La plupart des exoplanètes répertoriées se trouvent à des dizaines ou des centaines d'années-lumière. La Terre étant près d'un milliard de fois moins lumineuse que le Soleil, à cause de sa proximité à l'astre du jour, elle serait très difficile à voir avec un télescope optique. Cela reviendrait à essayer de distinguer une luciole au milieu des projecteurs d'Hollywood. Donc, si les extraterrestres nous ont trouvés, c'est qu'ils cherchent vraisemblablement dans des longueurs d'onde autres que la lumière visible, comme les infrarouges par exemple, domaine où notre disparité d'éclat avec le Soleil est un peu moindre. À moins que leurs ingénieurs n'aient établi une stratégie entièrement différente.

Peut-être font-ils ce que font habituellement nos propres chasseurs de planètes : surveiller les étoiles pour voir si elles vacillent à intervalles réguliers. Le vacillement périodique d'une étoile trahit l'existence d'une planète en orbite qui est peut-être trop peu lumineuse pour être vue directement. Contrairement à ce que beaucoup de gens croient, une planète de tourne pas autour de son étoile : la planète et l'étoilent tournent ensemble autour de leur centre de gravité commun. Plus la planète est massive et plus le mouvement de son étoile est grand, ce qui le rend plus facile à détecter quand vous analysez sa lumière. Malheureusement pour les extraterrestres chasseurs de planètes, la Terre est une planète chétive qui fait à peine bouger son soleil : un défi supplémentaire pour nos ingénieurs d'outre espace.

*

Le télescope Kepler de la NASA a été spécifiquement conçu et réglé pour détecter des planètes de type terrestre autour d'étoiles semblables au Soleil. Il utilise une autre méthode de détection qui a considérablement agrandi le catalogue des exoplanètes. Kepler recherche les étoiles dont la luminosité totale diminue légèrement à intervalles réguliers. Dans ce cas, cela signifie que la ligne de visée de Kepler est par hasard bien placée pour voir l'étoile s'assombrir d'une quantité minime lorsqu'une de ses planètes lui passe devant. Avec cette méthode, vous ne voyez toujours pas la planète elle-même. Vous ne voyez même aucun détail de la surface de l'étoile. Kepler se contente d'enregistrer les changements de luminosité globale de chaque étoile, mais ce faisant, il a ajouté des milliers de planètes au catalogue, y compris des centaines de systèmes contenant plusieurs planètes. Dans ses données, vous trouvez aussi la taille de l'exoplanète, sa période orbitale et la distance à laquelle elle se trouve de son étoile. Et vous pouvez aussi faire une estimation raisonnable de la masse de la planète.

Au cas où vous vous poseriez la question, lorsque la Terre passe devant le Soleil – il y a constamment des régions de la galaxie bien placées pour le constater –, elle occulte un 10 000e de la surface du Soleil, ce qui diminue brièvement sa luminosité normale d'un 10 000e. Alors d'accord, les extraterrestres ont découvert que la Terre existe. Mais ils ne savent toujours rien des événements qui s'y déroulent.

Les ondes radio et les micro-ondes pourraient marcher. Peut-être que nos attentifs extraterrestres ont quelque chose qui ressemble au radiotélescope de 500 mètres de la province de Guizhu en Chine. Si c'est le cas, et s'ils se calent sur les bonnes fréquences, ils remarqueront certainement la Terre – ou plus exactement notre civilisation moderne – qui apparaîtra comme une des sources les plus lumineuses du ciel. Considérez tous les appareils que nous avons qui génèrent des ondes radios ou des micro-ondes. Pas juste les émetteurs radio traditionnels, mais les relais de télévision, les téléphones portables, les fours à micro-ondes, les télécommandes de portail, les systèmes de verrouillage à distance des clés de voiture, les radars civils, les radars militaires et les satellites de communication. Dans les grandes longueurs d'ondes nous flamboyons littéralement, une preuve spectaculaire que quelque chose d'inhabituel se passe ici, parce que dans leur état naturel, c'est à peine si les petites planètes rocheuses émettent des ondes radios.

Par conséquent, si ces extraterrestres à l'écoute tournent leur propre version d'un radiotélescope dans notre direction, ils pourraient en déduire que notre planète abrite de la technologie. Il y a quand même une complication : d'autres interprétations sont possibles. Il se pourrait qu'ils ne puissent pas distinguer les signaux de la Terre de ceux des planètes géantes de notre Système solaire qui sont toutes aussi des sources notables d'ondes radio, en particulier Jupiter. Peut-être en déduiront-ils que nous somme une nouvelle sorte étrange de radiosource planétaire intense. À moins qu'ils ne puissent discerner les émissions radio de la Terre de celles du Soleil, ce qui les conduirait à conclure que le Soleil est une nouvelle sorte bizarre de radiosource stellaire intense.

Ici sur Terre, les astrophysiciens de l'université de Cambridge, en Angleterre, eurent un moment de perplexité similaire en 1967. En scrutant le ciel avec un radiotélescope à la recherche de sources intenses d'ondes radio, Antony Hewish et son équipe découvrirent quelque chose de vraiment bizarre : un objet qui pulsait à des intervalles précis et réguliers d'un peu plus d'une seconde. Jocelyn Bell, une étudiante de troisième cycle de Hewish à cette époque, fut la première à le remarquer. Très vite, Bell et ses collègues établirent que la source de ces pulsations était très lointaine. L'idée que ce signal était d'origine technologique – qu'une autre culture émettait des indices de son activité à travers l'espace – semblait irrésistible. Comme le raconte Bell, « Nous n'avions pas la preuve qu'il s'agissait d'une émission radio entièrement naturelle… J'étais là, essayant d'obtenir une thèse en travaillant sur une technique nouvelle et voilà qu'une bande de petits hommes verts stupides avaient choisi mon antenne et ma fréquence pour communiquer avec nous »[1].

Assez vite cependant, les collègues de Bell découvrirent d'autres signaux répétitifs provenant de différents coins de la Voie lactée. Ils comprirent qu'ils avaient mis la main sur une nouvelle classe d'objets cosmiques – des étoiles entièrement constituées de neutrons qui émettent une pulsation radio à chaque fois qu'elles font un tour sur elles-mêmes. Hewish et Bell leur donnèrent un nom tout trouvé : les « pulsars »

Il s'avère que les ondes radio ne sont pas la seule façon de fourrer son nez dans les affaires des autres. Il y a aussi l'astrochimie. L'analyse chimique des atmosphères planétaires est devenue un domaine actif de l'astrophysique. Vous l'avez peut-être deviné, l'astrochimie dépend de la spectroscopie – l'analyse de la lumière à l'aide d'un spectromètre. En exploitant les outils et les méthodes de la spectrométrie, les astrochimistes peuvent déceler la présence de la vie sur une exoplanète, indépendamment du fait que cette vie soit ou non consciente, intelligente et dotée d'une technologie.

La méthode marche parce que chaque élément, chaque molécule – peu importe où elle se trouve dans l'univers – absorbe, émet, reflète et diffuse la lumière d'une manière unique. Faites passer cette lumière dans un spectromètre et vous y verrez des motifs qui peuvent à bon droit être qualifiés d'empreintes digitales chimiques. Les empreintes les plus visibles sont celles des produits chimiques qui sont le plus excités par la pression et la température de leur environnement. Les atmosphères planétaires sont littéralement bourrées de tels motifs. Et si une faune et une flore grouillent sur une planète, son atmosphère sera bourrée

1. Jocelyn Bell, *Annals of the New York Academy of Sciences* 302 (1977) : 685.

de marqueurs biologiques – des preuves spectroscopiques de la présence de la vie. Qu'elles soient biogéniques (produites par une forme de vie), anthropogéniques (produites par l'omniprésence de l'espèce humaine) ou technogéniques (produites seulement par la technologie), ces preuves accablantes seront difficiles à cacher.

À moins qu'ils ne naissent avec des senseurs spectroscopiques naturels, nos espions extraterrestres devront construire un spectromètre pour lire nos empreintes. Surtout, il faudra que la Terre passe devant le Soleil (ou toute autre source lumineuse) de façon à ce que la lumière puisse traverser notre atmosphère et continuer dans leur direction. De cette façon, les substances chimiques dans l'atmosphère terrestre interagiront avec la lumière et y laisseront leurs marques à la vue de tous.

Certaines molécules – l'ammoniac, le dioxyde de carbone et l'eau – apparaissent fréquemment dans l'univers, que la vie soit présente ou non. Mais d'autres ne sont abondantes qu'en présence de vie.

Un des marqueurs biologiques les plus facilement repérables serait le niveau élevé du méthane dont les deux tiers sont dus à des activités humaines comme la production de pétrole, la culture du riz, les systèmes d'égouts et les rots et les pets des ruminants domestiques. Parmi les sources naturelles à l'origine du tiers restant figurent la décomposition des végétaux dans les marécages et les émanations produites par les termites. Cela dit, là où l'oxygène est rare, le méthane n'a pas toujours besoin de la vie pour se former. En ce moment même, les astrobiologistes discutent l'origine exacte des traces de méthane détectées sur Mars et des copieuses quantités de l'atmosphère de Titan, une lune de Saturne où il y a peu de chance que les vaches et les termites s'éternisent.

Si les extraterrestres scrutent la face nocturne de notre planète pendant qu'elle passe devant le Soleil, ils noteront peut-être une poussée de sodium due à l'usage répandu des lampes à vapeur de sodium dans l'éclairage public qui s'allume au crépuscule dans nos villes et nos banlieues. Le plus significatif cependant, ce sera tout l'oxygène libre qui nous entoure, qui constitue un cinquième de notre atmosphère.

L'oxygène – qui après l'hydrogène et l'hélium est le troisième élément le plus abondant de l'univers – est très actif chimiquement et se lie facilement aux atomes d'hydrogène, de carbone, d'azote, de soufre, de fer et ainsi de suite. Il se lie même avec lui-même. Donc, la présence permanente d'oxygène libre signifie que quelque chose en libère aussi vite qu'il est consommé. Sur Terre, ce quelque chose, c'est la vie. La photosynthèse pratiquée par les plantes et par de nombreuses bactéries libère de l'oxygène dans les océans et dans l'atmosphère. L'oxygène libre, à son tour, permet l'existence de créatures qui le métabolisent, parmi lesquelles nous-mêmes et presque toutes les autres créatures du règne animal.

Nous autres Terriens connaissons d'ores et déjà l'importance de l'empreinte chimique la plus caractéristique de notre planète. Mais des extraterrestres lointains devront interpréter leurs données et tester leurs hypothèses. L'apparition périodique du sodium est-elle forcément technogénique ? L'oxygène libre est sûrement biogénique. Mais le méthane ? Lui aussi est chimiquement instable et oui, c'est vrai, il est en partie anthropogénique, mais comme on l'a vu, il émane aussi de sources non vivantes.

Si les extraterrestres se convainquent que certaines caractéristiques chimiques de la Terre démontrent la présence de la vie, ils pourraient encore se demander si cette vie est intelligente. On peut supposer qu'ils communiquent entre eux et qu'ils imaginent que les autres formes de vie intelligentes en font autant. Peut-être est-ce à ce moment-là qu'ils décideront d'écouter la Terre avec leurs radiotélescopes pour voir quelles parties du spectre électromagnétique les Terriens ont maîtrisées. Que les extraterrestres explorent l'univers à l'aide de la chimie ou des ondes électromagnétiques, leur conclusion pourrait être celle-ci : une planète où l'on trouve de la technologie doit être peuplée par des formes de vie intelligentes qui se consacrent à découvrir comment l'univers marche et à appliquer ses lois, soit pour leur intérêt personnel, soit pour le bien public.

En étudiant plus en détail les empreintes chimiques dans l'atmosphère de la Terre, ils trouveraient d'autres marqueurs biologiques d'origine humaine comme les acides sulfurique, carbonique et nitrique ainsi que d'autres composants produits en brûlant des combustibles fossiles. Si ces extraterrestres curieux se trouvent être plus avancés que nous socialement, culturellement et technologiquement, ils interpréteront certainement ces marqueurs comme la preuve évidente de l'absence de vie intelligente sur Terre.

*

La première exoplanète a été découverte en 1995 et au moment où j'écris, le compte dépasse les trois mille, pour la plupart découvertes dans une région autour du Système solaire relativement petite par rapport à la Voie lactée. Donc il y en a plein d'autres. Après tout, notre galaxie contient plus de cent milliards d'étoiles et l'univers connu abrite plus de cent milliards de galaxies.

Notre recherche des exoplanètes, dont certaines ressemblent à la Terre – pas dans les détails, bien sûr, mais ses propriétés générales –, est motivée par la recherche de la vie dans l'univers. Les dernières estimations qui extrapolent le catalogue actuel suggèrent qu'il pourrait y avoir près de quarante milliards de planètes semblables à la Terre dans la seule Voie lactée. Voilà les mondes que nos descendants auront peut-être envie de visiter un jour. Par choix, sinon par nécessité.

CHAPITRE XII

Réflexions sur la perspective cosmique

> « De toutes les sciences cultivées par l'humanité, l'Astronomie est reconnue comme la plus sublime, la plus intéressante et la plus utile, et elle l'est sans aucun doute. Car par la connaissance déduite de cette science, non seulement l'entièreté de la Terre est dévoilée… ; mais nos propres facultés se trouvent élevées par les idées qu'elle enseigne et nos esprits sont libérés de [leurs] préjugés les plus bas. »
>
> James Ferguson, 1757[1]

Longtemps avant que quiconque ne comprenne que l'univers a eu un commencement, avant que nous découvrions que la grande galaxie la plus proche se trouve à deux millions et demi d'années-lumière de la Terre, avant que nous sachions comment marchent les étoiles et même avant que nous soyons sûrs que les atomes existent, l'ode de James Ferguson à sa science favorite

1. James Ferguson, *Astronomy Explained Upon Sir Isaac Newton's Principles, And Made Easy To Those Who Have Not Studied Mathematics* (Londres, 1757).

sonnait juste. Pourtant, mis à part leur style dix-huitième, ces mots auraient pu être écrits hier.

Mais qui pense ainsi de nos jours ? Qui à l'occasion de célébrer la vision cosmique de la vie ? Pas l'ouvrier agricole obligé d'émigrer. Pas le travailleur qui s'échine dans un atelier clandestin. Certainement pas le SDF qui fouille les poubelles pour manger. Il vous faut le luxe de ne pas passer votre temps à survivre. Il vous faut vivre dans un pays dont le gouvernement reconnaît l'importance du questionnement sur notre place dans l'univers. Il vous faut une société dans laquelle la pratique intellectuelle peut vous mener jusqu'à la frontière de ce qui est connu et dans laquelle vos découvertes peuvent facilement être disséminées. De ce point de vue, la plupart des citoyens des pays industrialisés s'en tirent bien.

Cependant, la vision cosmique a un coût. Lorsque je parcours des milliers de kilomètres pour me placer quelques instants fugitifs sur le chemin de l'ombre de la Lune lors d'une éclipse de Soleil, il m'arrive parfois de perdre de vue la Terre.

Lorsque je réfléchis à notre univers et à la fuite impétueuse des galaxies enchâssées dans le tissu éternellement en expansion de l'espace-temps à quatre dimensions, il m'arrive parfois d'oublier qu'une population innombrable – dont un nombre disproportionné d'enfants – foule cette Terre sans nourriture et sans abri.

Lorsque je révise les données qui établissent la mystérieuse présence de la matière noire et de l'énergie sombre partout dans l'univers, il m'arrive parfois d'oublier que chaque jour – à chacune des rotations de la Terre – des gens tuent ou se font tuer au nom d'une conception de Dieu prônée par quelqu'un d'autre, et que ceux qui ne le font pas au nom de Dieu le font en vertu des exigences de tel ou tel dogme politique.

Lorsque je suis les orbites des astéroïdes, des comètes et des planètes, pirouettant comme les danseurs d'un ballet chorégraphié par la gravité, il m'arrive parfois d'oublier que trop de gens ont un mépris éhonté pour les interactions délicates des océans, des continents et de l'atmosphère, avec des conséquences que nos enfants et les enfants de nos enfants paieront de leur santé et de leur bien-être.

Et il m'arrive parfois d'oublier que les puissants font rarement tout ce qu'ils peuvent pour aider ceux qui ne peuvent s'aider eux-mêmes.

Il m'arrive d'oublier toutes ces choses parce qu'aussi grand que soit le monde – dans nos cœurs, nos esprits et sur nos cartes numériques géantes – l'univers est bien plus grand. Une idée déprimante pour certains, mais une idée libératrice selon moi.

Songez à l'adulte penché sur le traumatisme d'un enfant : du lait renversé, un jouet cassé, un genou écorché. En tant qu'adulte, il sait que l'enfant n'a pas la moindre idée de ce qu'est un vrai problème, parce que son inexpérience limite considérablement sa perspective. Les enfants ignorent encore que le monde ne tourne pas autour d'eux.

Nous autres adultes, sommes-nous capables d'admettre que nous avons aussi, collectivement, une vision immature des choses ? Sommes-nous capables d'admettre que nos pensées et nos comportements découlent de la croyance que le monde tourne autour de nous ? Apparemment pas. Et pourtant les preuves sont là. Tirez le rideau qui recouvre les conflits culturels, raciaux, ethniques, religieux ou nationaux de nos sociétés et vous verrez l'ego humain aux manettes.

Et maintenant, imaginez un monde dans lequel chacun, en particulier les gens qui ont le pouvoir et l'influence, possède une vision étendue de notre place dans le cosmos. Avec une telle perspective, nos problèmes rétréciraient – ou ne se poseraient jamais – et nous célébrerions nos petites différences terrestres tout en rejetant le comportement de nos prédécesseurs qui s'entretuaient à cause d'elles.

*

En février 2000, le planétarium Hayden de New York présentait un spectacle intitulé *Passeport pour l'univers*, qui emportait les visiteurs dans un zoom virtuel du planétarium jusqu'aux frontières du cosmos[1]. Pendant le voyage, le public pouvait voir la Terre, puis le Système solaire, après quoi, les unes après les autres, les cent milliards d'étoiles de la Voie lactée se réduisaient sous leurs yeux à d'infimes points sur le dôme du planétarium.

Un mois après la première projection, j'ai reçu une lettre d'un professeur de psychologie d'une prestigieuse université spécialisé dans l'étude de ce qui poussait les gens à se sentir insignifiants. J'ignorais complètement qu'il était possible de se spécialiser dans un tel domaine. Il voulait administrer un questionnaire avant-après aux visiteurs pour documenter l'étendue de leur dépression une fois qu'ils avaient assisté au spectacle. *Passeport pour l'univers*, écrivait-il, avait suscité chez lui le sentiment de petitesse et d'insignifiance le plus fort qu'il ait jamais ressenti.

Comment était-ce possible ? Chaque fois que je vois ce spectacle (et d'autres que nous avons produits), je me sens vivant et inspiré et connecté. Je me sens grand aussi, quand je pense que ce qui se passe à l'intérieur des trois livres de matière grise de l'être humain nous a permis de comprendre notre place dans l'univers.

Permettez-moi de suggérer que c'est ce professeur et non moi qui a mal compris la nature. Pour commencer, son ego était trop grand, gonflé par l'illusion de son importance et nourri du présupposé culturel selon lequel l'être humain est supérieur à tout le reste dans l'univers.

À la décharge du bonhomme, il faut reconnaître que de puissantes forces sociales conduisent la plupart d'entre nous à le croire. C'était mon cas à moi aussi… jusqu'au jour où j'ai appris en cours

1. *Passeport pour l'univers* a été écrit par Ann Druyan et Steven Soter qui sont aussi coauteurs de la série diffusée par Fox en 2014, *Cosmos : Une odyssée à travers l'univers*, qui était animée par l'auteur de ces lignes. Ils ont aussi travaillé avec Carl Sagan sur la série originale de PBS, *Cosmos : Une odyssée personnelle.*

de biologie qu'il y a plus de bactéries vivantes à l'œuvre dans un centimètre de mon côlon que de gens ayant vécu sur la Terre. C'est le genre d'information qui vous oblige à vous demander qui – ou quoi – est vraiment aux commandes.

À partir de ce jour, j'ai commencé à voir les gens non pas comme les maîtres de l'espace et du temps, mais comme de simples participants à une grande chaîne cosmique, directement liés par leurs gènes à d'autres espèces vivantes ou disparues, une chaîne qui remonte au premier organisme unicellulaire de la Terre, il y a presque quatre milliards d'années.

Je sais ce que vous pensez : nous sommes plus malins que les bactéries.

Ça ne fait aucun doute. Nous sommes plus futés que toutes les autres créatures qui ont jamais couru, nagé ou rampé sur la Terre. Mais futés jusqu'à quel point ? Nous cuisons notre nourriture. Nous composons de la poésie et de la musique. Nous pratiquons l'art et la science. Nous sommes bons en maths. Même si vous êtes nul en maths, vous êtes certainement meilleur que le plus intelligent des chimpanzés, dont le génome ne diffère pourtant du vôtre que par une poignée de gènes. Les primatologues auront beau s'acharner, ils n'apprendront jamais à un chimpanzé à poser une division ou à faire de la trigonométrie.

Si une infime différence génétique entre nous et nos amis les grands singes est à l'origine de ce qui nous semble une immense différence d'intelligence, alors peut-être qu'après tout, cette différence n'est pas si immense que ça.

Imaginez une forme de vie dont la puissance cérébrale serait à la nôtre ce que la nôtre est à celle du chimpanzé. Pour une telle espèce, nos plus hautes conquêtes intellectuelles paraîtraient triviales. Leurs bébés n'apprendraient pas l'abécédaire en regardant *1, rue Sésame*, mais les équations aux dérivées partielles sur le boulevard booléen[1]. Nos théorèmes les plus complexes, nos philosophies les plus profondes, les œuvres révérées de nos artistes les plus créatifs équivaudraient aux travaux scolaires que leurs enfants ramènent à la maison pour que maman et papa les collent sur le frigo. Ces créatures feraient des expériences sur Stephen Hawking (qui occupe à Cambridge la chaire qui fut autrefois celle de Newton) parce qu'il est légèrement plus futé que les autres humains, parce qu'il peut faire de l'astrophysique théorique et des calculs élémentaires dans sa tête, exactement comme leur petit Timmy qui vient de rentrer de la crèche extraterrestre.

Si un gouffre génétique nous séparait de nos plus proches parents dans le règne animal, nous aurions des raisons de célébrer notre intelligence. Nous aurions le droit de marcher la tête haute en pensant que nous sommes très différents de nos amies les bêtes. Mais ce gouffre n'existe pas. Au lieu de cela, nous ne faisons qu'un avec le reste de la nature. Notre place n'est ni au-dessus, ni en dessous, mais dedans.

Il vous faut encore un peu d'assouplissant pour l'ego? De simples comparaisons de quantité, de taille et d'échelle marchent bien.

Prenez l'eau. Elle est omniprésente et vitale. Il y a plus de molécules d'eau dans un grand verre de 25 cl qu'il ne vous faudrait de verres pour écoper les océans de la Terre. Chaque verre d'eau qui passe à travers le corps d'une personne donnée avant de finalement rejoindre les réserves aquatiques mondiales contient assez de molécules pour en répartir 1 500 dans chacun des autres verres d'eau de la planète. La conclusion est inévitable: une partie de l'eau que vous venez de boire est passée par les reins de Socrate, de Gengis Khan et de Jeanne d'Arc.

1. L'algèbre booléenne est une branche des mathématiques dont les variables ne peuvent prendre que deux valeurs, vrai ou faux, et qui est fondamentale pour l'informatique. Son nom vient du mathématicien anglais du dix-neuvième siècle George Boole.

Et que dire de l'air ? Tout aussi vital. Une seule inspiration vous fait avaler plus de molécules d'air qu'il ne faudrait d'inspirations pour avaler toute l'atmosphère de la Terre. Et là encore, cela veut dire qu'une partie de l'air que vous venez de respirer est déjà passée par les poumons de Napoléon, Beethoven, Lincoln et Billy the Kid.

Et maintenant, un peu de cosmos. Il y a plus d'étoiles dans l'univers que de grains de sable sur n'importe quelle plage, plus d'étoiles qu'il ne s'est écoulé de secondes depuis la formation de la Terre, plus d'étoiles que de mots et de sons prononcés par tous les humains qui ont jamais vécu sur Terre.

Vous voulez une vue d'ensemble du passé ? Il vous suffit de dérouler notre perspective cosmique. La lumière met du temps à atteindre les observatoires de la Terre depuis les profondeurs de l'espace, de sorte que vous voyez les objets et les phénomènes célestes non pas tels qu'ils sont, mais tels qu'ils étaient. Cela veut dire que l'univers se comporte comme une machine à explorer le temps géante : plus vous regardez loin dans l'espace, plus vous voyez loin dans le passé – presque jusqu'au commencement du temps lui-même. Dans les limites de cet horizon observable, l'évolution cosmique se déploie continuellement sous vos yeux.

Vous voulez savoir de quoi nous sommes faits ? Là encore, la perspective cosmique offre une réponse plus vertigineuse que peut-être vous ne l'imaginez. Les éléments chimiques de notre univers sont forgés dans les feux d'étoiles massives qui terminent leur vie par de titanesques explosions et ainsi enrichissent les galaxies qui les abritent de tout l'arsenal chimique composant la vie telle que nous la connaissons. Résultat ? Les quatre éléments les plus abondants dans l'univers – l'hydrogène, l'oxygène, le carbone et l'azote – sont les quatre éléments les plus communs dans les organismes vivants sur Terre et dont la biochimie est fondée sur le carbone.

Nous ne vivons pas seulement dans l'univers. L'univers vit à l'intérieur de nous.

Soit dit en passant, nous ne venons peut-être même pas de cette Terre. Plusieurs axes de recherche ont obligé les scientifiques à réévaluer qui nous croyons être et d'où nous pensons venir. Comme nous l'avons vu, quand de gros astéroïdes frappent une planète, sa surface rebondit sous l'énergie de l'impact et propulse des roches dans l'espace. De là, elles peuvent voyager jusqu'à d'autres surfaces planétaires et y tomber. Par ailleurs, les microorganismes s'avèrent parfois coriaces. Sur Terre, les bactéries extrêmophiles survivent à tout l'éventail de températures, de pressions et de radiations inhérentes au voyage dans l'espace. Si un débris rocheux d'une planète abritant la vie était éjecté par un impact, il pourrait embarquer une faune microscopique nichée dans les moindres recoins de la roche. Enfin, des indices récents montrent que peu de temps après la formation de notre Système solaire, Mars était humide et peut-être fertile avant même que la Terre ne le soit.

Ces découvertes combinées signifient qu'il est possible que la vie soit d'abord apparue sur Mars pour ensuite ensemencer la Terre. C'est ce qu'on appelle la panspermie. Il se pourrait donc – mais il n'y a rien de sûr – que les Terriens descendent des Martiens.

*

À maintes reprises au fil des siècles, les découvertes sur le cosmos ont écorné l'image que nous avions de nous-mêmes. On a longtemps cru que la Terre était un objet astronomique unique, jusqu'à ce que les astronomes apprennent qu'elle n'est qu'une planète parmi d'autres en orbite autour du Soleil. Après quoi nous avons supposé que le Soleil était unique, jusqu'à ce que nous découvrions que les innombrables étoiles du ciel nocturne sont des soleils. Puis nous avons pensé que notre galaxie, la Voie lactée, constituait à elle seule tout l'univers observable. Avant d'établir que, finalement, une flopée de petites tâches floues dans le ciel sont autant de galaxies qui ponctuent tout l'univers connu.

De nos jours, il est ô combien facile de croire qu'il n'y a qu'un seul univers. Et pourtant. De nouvelles théories cosmologiques, ainsi que l'improbabilité sans cesse vérifiée que quoi que ce soit puisse être unique, exigent que nous gardions l'esprit ouvert face à ce dernier assaut contre notre soif de distinction : le multivers.

*

La perspective cosmique découle de connaissances fondamentales. Mais il ne s'agit pas seulement de connaissance. Il s'agit aussi d'avoir la sagesse et la perspicacité d'appliquer cette connaissance pour comprendre notre place dans l'univers. Et ses attributs sont clairs :

La perspective cosmique vient de l'exploration scientifique, mais elle n'est pas l'apanage des chercheurs. Elle appartient à tout le monde.

La perspective cosmique est humble.

La perspective cosmique est spirituelle – et même rédemptrice – mais pas religieuse. La perspective cosmique nous permet de saisir dans la même pensée l'infiniment grand et l'infiniment petit.

La perspective cosmique ouvre nos esprits à des idées extraordinaires, mais sans que notre cerveau s'éparpille et nous laisse prêts à croire à tout ce qu'on nous dit.

La perspective cosmique nous fait voir l'univers non comme un berceau bienveillant conçu pour abriter la vie, mais comme un endroit froid, isolé et dangereux, ce qui nous oblige à reconsidérer la valeur qu'ont tous les humains les uns pour les autres.

La perspective cosmique montre que la Terre n'est qu'un grain de poussière. Mais c'est un grain de poussière précieux et, pour le moment, c'est le seul domicile que nous ayons.

La perspective cosmique trouve la beauté dans les images des planètes, des lunes, des étoiles et des nébuleuses, mais elle célèbre aussi les lois de la physique qui les façonnent.

La perspective cosmique nous permet de voir au-delà du quotidien pour transcender notre quête primaire de nourriture, d'abri et de partenaires.

La perspective cosmique nous rappelle que dans l'espace, faute d'air, aucun drapeau ne flotte. Ce qui suggère peut-être qu'agiter des drapeaux et explorer l'espace ne vont pas ensemble.

La perspective cosmique embrasse non seulement notre parenté génétique avec toutes les autres formes de vie sur Terre, mais met aussi en lumière notre parenté chimique avec toutes les formes encore inconnues de vie dans l'univers ainsi que notre parenté atomique avec l'univers lui-même.

Au moins une fois par semaine, si ce n'est tous les jours, nous devrions réfléchir aux futures vérités cosmiques qui attendent peut-être la venue d'un esprit brillant, d'une expérience ingénieuse ou d'une mission spatiale novatrice pour être découvertes. Nous devrions réfléchir aussi à la façon dont ces découvertes pourraient un jour transformer la vie sur Terre.

Faute d'avoir cette curiosité, nous sommes tel le fermier qui n'éprouve pas le besoin de sortir de son trou, sous prétexte que ses quinze hectares satisfont tous ses besoins. Pourtant, si tous nos ancêtres avaient raisonné comme lui, le fermier habiterait aujourd'hui une caverne et poursuivrait son dîner armé d'un bâton et d'un silex.

Durant notre bref séjour sur Terre, nous nous devons, à nous-mêmes et à nos descendants, de saisir les opportunités d'explorer le monde. En partie parce que c'est marrant. Mais il y a une raison bien plus noble. Le jour où notre connaissance du cosmos cessera de s'étendre, nous risquons de retomber dans la croyance infantile que l'univers tourne autour de nous, au propre comme au figuré. Dans ce monde désolé, les gens et les nations, armés et affamés, auront tendance à agir sur la base de « leurs préjugés les plus bas ». Et ce sera là le dernier souffle de l'entendement humain – jusqu'à ce qu'émerge une autre civilisation visionnaire, à nouveau capable d'embrasser, et non de craindre, la perspective cosmique.

Remerciements

À mes infatigables éditeurs littéraires, tout au long des années au cours desquelles ces essais ont été écrits, en particulier à Ellen Goldensohn et Avis Lang du magazine *Natural History* qui se sont assurés que je disais à chaque fois ce que je pensais et pensais ce que je disais. À mon éditeur scientifique, qui était mon collègue et ami de Princeton, Robert Lupton : il en savait toujours plus que moi chaque fois que cela comptait vraiment. Je remercie aussi Betsy Lerner pour ses suggestions sur le manuscrit qui ont grandement amélioré la variété de son contenu.

Table des matières

SCIENCE À PLUMES

Collectif, *La science à contrepied*, 2017.
Le meilleur de la blogosphère pour découvrir la science autrement!

Jérôme Cottanceau, *Le choix du meilleur urinoir*, 2016.
20 délicats problèmes qui prouvent que les maths servent à quelque chose.

René Cuillierier, *Et si la Terre était plate?*, 2016.
Des exercices de pensée étonnants pour aborder les grands principes de la science.

Antonio Fischetti, Illustrations Faujour, *Charlie au labo*, 2017.
Les meilleurs chroniques science de Charlie Hebdo.

Jean-Louis Hartenberger, *Depuis quand les cachalots ont le melon?*, 2016.
37 chroniques pour plonger dans l'univers étonnant des mammifères.

John M. Henshaw, *Le théorème de la fourmi géante*, 2016.
Crème solaire, vitesse de la lumière et arnaques financières: les équations sont partout.

Thierry Lefebvre, Cécile Raynal, *Médicaments, polémiques et vieilles querelles*, 2016.
Débats et affaires: 15 récits pour mieux comprendre.

Jean Le Loeuff, *T. rex superstar*, 2016.
L'irrésistible ascension du roi des dinosaures.

S. L. Macknik, S. Martinez-Conde, S. Blakeslee, *Ceci n'est pas un lapin*, 2016.
Quand les neurosciences dévoilent les secrets des magiciens.

Stéphen Rostain, *Amazonie, les 12 travaux des civilisations précolombiennes*, 2017.
Pour en finir avec les idées reçues sur les premiers habitants de la plus grande forêt du monde.

Daniele Vegro, *Anti-dictionnaire de physique*, 2016.
De A comme Âge de l'univers à Z comme Zéro absolu, un regard décalé sur la physique.

Carl Zimmer, *Planète de virus*, 2016.
Il y a plus de virus sur la Terre que d'étoiles dans l'Univers.

IMPRIM'VERT®

Imprimé en France par la Nouvelle Imprimerie LABALLERY à Clamecy
N° d'imprimeur : 705210 – Dépôt légal : mai 2017
N° d'édition : 41000851-02/mai2017